# 刃物の見方

岩崎 航介 著

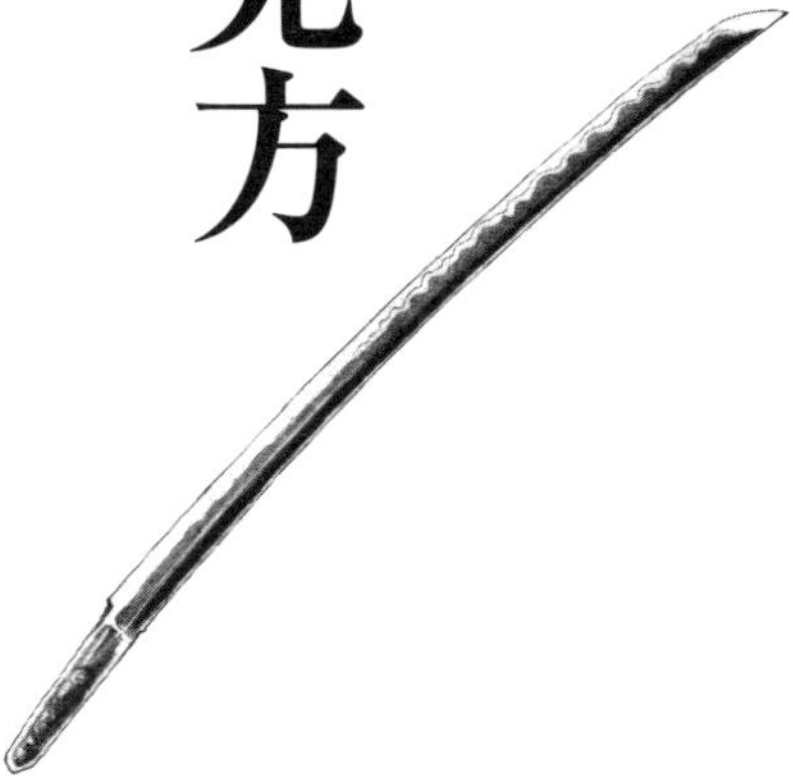

慶友社

刃物の見方＊目次

# 〈解説〉岩崎航介と『刃物の見方』

朝岡康二

岩崎航介は明治三十六年（一九〇三）に新潟県三条町二ノ町の金物卸業の次男として生まれた。糸魚川中学校から新潟高等学校に進学した秀才であったが、卒業後は家業を手伝いながら刀剣研ぎを学んでいたという。金物卸業の家に生まれた者らしく早くから日本刀剣に関心をよせていたのである。

年譜によれば大正十四年に三条を離れて、縁あって神奈川の逗子開成中学校の講師となり、同年東京帝国大学文学部国史学科に入学する。本書にも述べられているように、翌十五年には刀剣師に入門して鍛刀法を学んでいる。

この年には、後に皇国史観で知られた神社祠官家出身の神道史学者・平泉澄が国史学科助教授に任ぜられた。当時は大正期の自由主義的な風潮に対して「日本主義」が声高に喧伝されるようになる時代であった。こうしたなかで、岩崎は平泉の下で刀剣秘伝書などの史料収集とその分析に従事したらしいが、平泉の影響をどの程度受けたかは明らかでない。昭和三年には国史学科を卒業して大学院に進学するが、同五年には退学しているから（同年に平泉は欧米外遊に出て、帰国後に過激な国粋思想家となる）、岩崎には人文的な国史の研究は満足できるものではなかったようである。

昭和七年に再び東京帝国大学を受験して工学部冶金学科に再入学（同年に冶金学科教授・俵国一は定年退官している。後任は海軍造兵少将の吉川晴十であった）、昭和十年に卒業して大学院に進学する。文献を主に扱う歴史に飽き足らないで工学的な研究に転進した例は、当時においても稀有なことであったかと思われる。以後、大学院を修了すると同学科副手になり、国策に繋がる大陸資源調査会を組織して蒙古の地下資源調査に従事するなどしたが、同時に年来の日本刀の研究も推進していたようである。

敗戦の色濃い昭和二十年五月に副手を辞職して三条に帰省、刀剣鍛錬所を設けて作刀を始めるために奔走する。同年八月に戦争終結。ポツダム緊急勅令にともない刀剣関係の活動を停止。同二十二年、三条製作所を設立して実用刃物の研究、剃刀の製造を開始、剃刀研究者としての岩崎航介がここに誕生した。

同二十八年に、通産省より「玉鋼を使用した優秀打刃物の製法」について科学研究補助金を得る。以後、日本製鋼・室蘭製作所（付属施設に堀井胤吉を初代とする「瑞泉鍛刀所」がある）から玉鋼の提供を受けて、それを用いた高炭素刃物の実用研究に没頭する。このことは日本精神を象徴する玉鋼を民間刃物にひらく、いわば「日本精神の平和利用」を目指すものであったといえる。それは同時に刃物製作は科学に裏打ちされるべき、とする工学研究者の信念を示すものでもあったのであろう。

これ以後、岩崎は三条製作所を拠点に剃刀に使う高炭素鋼の研究・製造に従事して、子息・重義氏に優れた鍛冶技術を備えさせて製造実務の要とした。こうして「三条製作所・岩崎」の剃刀は優秀製品として理髪業界に広く知られるものになったのである。

その後に岩崎は、あらためて正倉院の古代刀剣の調査などに参加して、刀剣についても発言をするようになっていく。すでに本書でも指摘されているように、岩崎は早くから小説家・吉川英治の知遇をえて、小説におけるチャンバラなどについて刀剣専門家の観点から意見を述べるなどしていたが、国史専攻でもあったからか、文章表現にも長じていたようで、戦前から『文芸春秋』に寄稿するなど、文筆家の側面も併せ持っていた。

以上のような岩崎航介の仕事を検証してみると、『日本刀の科学的研究』を著した和鋼・日本刀研究の大家・俵国一を受け継いで、俵が確立した顕微鏡を用いた金属組織研究の実用化と金属顕微鏡の利用普及に努めて、それまで体験的な知識に頼っていた刃物製造法の近代化に大きな足跡を残しており、そのことを高く評価しなければならない。それはもちろん桶谷繁雄が「達人」と評した岩崎航介という人物の能力・個性・気質がなしたことに違いなかったが、帝国大学大学院に学び、さらに副手まで務めた研究者が地場産業に直接に結びつく場で仕事をすることなど、当時はほとんど考えられなかったから、そこには敗戦と復興という時代の激変が大きな影響を与えていると思われる。

信濃川と五十嵐川の合流点に位置する三条は、早くからこの地域の交易の中心として大きな役割を果たしてきた。五十嵐川に面した川港である三条は、ひとつには信濃川から魚野川を経て三国峠に至り、あるいは五十嵐川を遡上して下田村から会津に抜ける、蒲原平野と魚沼・只見山地を結ぶ物資流通の結節点であったからである。近年までみられた雁木を連ねた町家の並びは、いかにも越後らしい鄙びた風情を残すものであったが、それは同時に近世以来、比較的に自由な気風を持つ商人町として栄えてきた名残でもあった。

古くは他所と同様に上方下りの呉服・木綿商の集散地であったといわれているが、何時のころからか金物商いが増加していったようである。今ではその具体的な過程は明らかではないが、天保期に至るまでに江戸にさかんに釘荷を送っていたというから、いわゆる江戸十組問屋の下に産地問屋が成立したことになる。釘荷は、前述の魚野川を遡上して三国峠を肩荷で越えて、上州・倉加野から利根川水運によって千住まで運ばれたという。当時、周辺農村地域には冬場の農閑稼ぎに釘を打つ農家が多く、その釘が三条に集まったのである。

天保の改革以後、株仲間の解体ないし弛緩が生じると、各地で比較的自由な遠隔地交易がおこなわれるようになり、それにともない農村地域への行商が活発化していった。それは近代に入るとさらに盛んになって、「明治時代は行商の時代」といわれるほどになったのである。

こうしたなかで、三条から関東地方に運ばれる鉄物商品は飛躍的に増加して、その商圏は、江戸ばかりではなく北は上野から東は常陸まで利根川水運に繋がる広い地域に及んで、三条の問屋のなかには「関東屋」という屋号があったほどである。

その時代の農村向けの代表的な商品は草刈鎌で、この結果、関東台地の畑作地域の鎌は、越後からもたらされる移入品が急速に地物に取り替わり、この地域の地鎌産地は常陸石岡・上総久留里・安房館山などわずかな例外を残して瞬く間に消滅してしまった。

鎌の形態には使い方にともなう地域的な相違があった。そしてひとびとは手になじみ、慣れ親しんだものしか使わなかったから、三条の行商人たちは、越後産の鎌を遠隔地向けの商品に仕立てるために、関東各地の在来の鎌型を集めて三条に持ち帰り、それと同じ形に作らせて売る方法で販路を広げていった。そのために各地の鎌型を集めた「鎌形帳」が作られたほどである。

このように三条の商いは、他所にはない固有の特産製品を売り広めることで成り立っていたのではなく、売り先に伝承する製品を実用的・合理的に複製・製造して商うという、いわば製造技術と行商能力を武器にしたものであった。

また、江戸末期から明治時代にかけて、おそらく多年にわたる釘鉄商いを通して生まれた関わりを基にして、鋸・鑿・鉋などの大工道具類を大消費地である江戸・東京に売り広めていった。その結果周辺地域に、鋸ならば脇野、鑿ならば与板、鎌ならば月潟といった、特定品目の産地を生み出すことになって、それらは近年まで引き続き信濃川流域の鉄物産地として継承されてきた。

このように三条をへて出荷される鉄物製品は、江戸・関東から始まってやがては全国的に知られるものになっていったが、その一方で三条の町には、近在農家に鍬先を貸し付ける（春先に貸付けて収穫後に回収、冬場に修理再生して再び春に貸付ける）貸鍬商人も増加して、なかには会津本郷あたりまでも商圏に含むことさえあったという。越後の「貸し鍬」慣行といえば、高田城下や柏崎などでは鍛冶屋が営業するものであったが、三条では商人があつかって比較的に広域を対象とした点に特徴があった。

さらに第一次世界大戦下の好景気時には、ヨーロッパ勢の空白に乗じてアジア各地に刃物を輸出する勢いであった。本書にも記述されているように岩崎の生家も、この輸出ブームに乗って販路を広げた「岩権」と称する刃物問屋であった。当時の輸出は神戸の貿易商社を通じたもので、三条ではナイフ製造に従事する鍛冶屋が急増して、最重要産品となっていた。しかし、戦後はヨーロッパ勢の巻き返しに加えて、昭和二年のいわゆる「金融恐慌」に直面することになり、同年、岩崎又造の「岩権」は加藤文次郎の「関東屋」と合併して「三条金物株式会社」となる。本書で「親の仇・ゾーリンゲン」と繰り返しているのは、この間の事情をあらわすものである。また、関東大震災の復興に際しては、東海道の交通が途絶したために関西から東京に向かう物資が日本海側を迂回することになり、三条はそれらの中継地点となって問屋機能がさらに充実して、東京の需要に深く繋がるようになる。

真空管ラジオが普及すると、それにともなって修理用のヤットコが大量に必要となり、量産される。さらに第二次大戦前後には、北洋漁業などの水産物加工が重要になって、それに用いるマキリなどの包丁類が量産されるようになった。

このように様々の契機を通して三条の金物生産は拡大し、問屋町の周辺には鍛冶屋が次々に生まれて、特定製品に限らない、ありとあらゆる鍛冶製品を取り扱う東日本の代表的な産地になっていったのである。

近世以来の伝統を伝える鉄器の産地には、三条のほかにも堺・三木・小野・武生・関などがあり、それぞれ個性的な発展を遂げるが、三条を中心とする越後の金物産業は、なかでも特に多彩な分野を含むものとなり、それを基にして、戦後は工業化の急速に進んだところでもあった。

伝承的なものから工業的なものへ展開するためには、しっかりした技術的背景を持つことが不可欠であるが、その点でこの地域は恵まれていた。

例えば戦後、いち早くアメリカからステンレススクラップを輸入して、その加工に進出した燕の明道金属

（現・明道メタル）がある。ここには、東北大学の本田光太郎など中央の優れた金属学者がたびたび訪れており、第一線の研究者と連携して最新の研究成果を地場の技術に結びつけた点に大きな特徴があった。岩崎航介もそうした研究者グループに属して、というよりも、研究者と地場を仲介する重要な役割を担っていたようにみえる。

いいかえれば三条・燕は、早くから東京帝国大学・東北帝国大学などの金属研究者と強く関わりを持つことができて、その見識を地場産業に結びつけた稀有な地域ではなかったかと思われる。そのなかにあって岩崎は、冶金工学の理論と、研ぎや作刀の研鑽で獲得した実際技術とを結びつけることによって、地場の近代化を着実に推進したのである。

岩崎航介は、昭和四十一年七月に「三条金物青年会」主催による第一回商品開発講座において、当時の三条刃物の状況やその改善策を実地に則して説く「刃物の見分け方」の講演をおこなった。この講演内容は昭和四十一年十二月より『金物ニュース』に連載されたというが、それが本書の巻頭の「刃物の見分け方」である。

昭和四十年代といえば、東京オリンピック開催後にあたり、日本は高度経済成長路線をひた走っていた。それは日本全体が農村型社会から都市型社会に変貌していく過程であり、ひとびとは、新しい生活スタイルの実現を目指して消費活動を急速に拡大していった、そういう時代であった。

求められた新しい生活スタイルは、専業農家の減少、サラリーマンの増加、工業規格品、なかでも家電製品や自動車のような耐久消費財の普及などによる、便宜的・合理的、あるいは画一的な日常生活の実現であって、雑多な日用品に対してもこの新しい生活文化に見合った様式が強く求められるようになってきた。このような潮流は、当然ながら実用金物を製造・販売してきた三条・燕などの地場産業にも大きな影響を与えることになった。新しい製品の開発や普及には、在来の問屋制に基づく伝承的な商品・生産管理・販売方法では間に合わなくなり、地場産業にも近代化が求められたのである。

この点で、長年にわたって理論に基づく実験と実践を積み重ねて、実用刃物の理想を求めてきた岩崎の、「刃物の見分け方」に示された指導はまことに適切であった。ここで語られた問題点とその改善方法は講演を聞くひとびとに多大な示唆を与えたことであろう。

それからさほど経たない昭和四十三年に、岩崎航介は癌のために死去した。

そして、翌四十四年二月に「三条金物青年会」の設立十周年記念事業として、地元の野島出版より出版されたのが本書である。

出版に際しては、それまで様々な機会に書かれたエッセイが追加されて、実用刃物・剃刀に限らず、作刀法・自らの一代記・玉鋼・刃物材料の一般知識に及ぶ実に幅広い内容を持つものにできあがった。そのような編集の工夫があってのことか、『刃物の見方』は多くのひとびとに歓迎されてたちまち売り切れ、同年六月には再版されている。

さらに昭和四十七年に三版が発行されたが、この時には、新たに天然砥石についての「名倉砥の現地調査」および「本山砥の現地調査」が追加された。本書に所収されている「剃刀の返品研究」は、先に述べた科学研究補助金による調査研究に基づくまことに秀逸なエッセイであるが、ここでは刃物と研ぎ・砥石の関わりの重要さが指摘されており、名倉や本山の現地調査はこの観点からおこなわれたものであると思われる。そのうえで岩崎は上質の剃刀砥を「岩崎選」として頒布することもおこなったようである。

それからすでに四十数年の歳月が経過した。

そのあいだに様々の出来事が生じて、三条の鉄物製造を取り巻く環境は大きな変貌を遂げたが、なんといっても生活の場での刃物の必要が変化した。髭剃りには電気剃刀や替え刃式の使用が優勢になって、理容師すらめったに剃刀を研いで使うことがなくなった。大工道具の方も電動化が進んで、鋸は使い捨てになり、鉋も替え刃が普及して、鑿はほとんど使われなくなった。スーパーであつかう肉・魚は切り身になって、野菜は刻んで売られ、若い世代の家庭には包丁が一本もない、ということもある。百円ショップではステンレスの打ち抜き刃の鋏が売られている。

三条の周辺にはいわゆるショッピングセンター向けの巨大な流通倉庫がいくつもあって、この地域の問屋商いは決して衰えていないようにみえるが、経済のグローバル化の下で鍛造工場・機械工場は大変に難しい経営を強いられており、地場産業は大きな曲がり角に来ていると思われる。

しかしその一方で、規格化された量産品が生活を覆い尽くす今日の状況にあって、なかなか生活の糧にはなりにくいナイフ造りや鍛刀をめざす若者が増えているともいう。手造りに対する関心・興味があらためて生じているのであろう。そんななかで、この一〇年ほど、岩崎航介の子息・重義氏を中心にして大工道具・刃物造りの鍛冶職が集まって、伝統技術の紹介と後継者育成をかねた「三条鍛冶道場」が続けられてきた。はじめはまったくの自主的活動であったというが、近年は行政の協力によって立派な施設が設けられるなどして、その活動はいっそう活発になり、講習会には全国各地から大勢の参加者が集まるようになってきた。また、これを通じて将来をになう若い技能者も育ってきたといい、「金物の町・三条」の象徴として機能するようになってきた。こんな形でも岩崎航介の志が受け継がれているのである。

もちろん、今日、日本のもの造りをとりまく状況はなかなか厳しいものがあり、そう呑気なことばかりいってはおられない。そんな時に本書が復刻されて、敗戦をくぐりぬけて生きた「なにごとも顧慮することなく、この道一筋に一生を送った」（桶谷繁雄の「序」より）「達人」の教えに親しく接する機会が得られることは幸いである。

岩崎航介遺稿集

# 刃物の見方

三条金物青年会刊行

ありし日の筆者

# 序

このたび、畏友故岩崎航介君の遺稿集が出されることになったのは、古い友人の一人として、私は大変に嬉しく思います。同君は、東京帝国大学工学部冶金科の学生としては、既に歴史学を専攻する文学士と云う肩書を持つだけに、特異な存在でありました。いわゆる長者の風格とでもいえるものを、既に持っていました。同君と私が特に親しくなったのは、昭和八年夏の釜石製鉄所における実習の時であって、その交際は同君の死に至るまで絶えませんでした。戦争中は満州の広野を資源調査のために長期に亘って旅をし、その間、病を得て死にかかったりしたのですが、私は東京にいて、ただあわてるばかりで何の手も打てなかった事など、思い出として残っています。古刀の復原に全力を集中し、故郷三条の町に刀剣鍛錬場を設立したのも、この戦争中でした。戦後私がフランス政府の招きで二度目の渡仏をした時、私を経済的に応援してくれた事も忘れられません。

同君の一生をかけた仕事は、日本刀の研究でありました。何か別な事をしているように見えても、必ずやそれが日本刀につながりを持っていたのでした。剃刀の製作も、日本刀にたどりつくための一つの手段であったと私は考えています。そして、何も顧慮することなく、この道一筋に一生を送った同君は、実に幸福な、満たされた生涯を送ったと云う事ができましょう。特に晩年に、正倉院御物の中の刀剣の調査は、同君の最も得意とする分野の知識を十分に活用できたものだと私は信じております。

同君は、貞節なる夫人と、孝行なる子供さんに囲まれ、まだまだ活動できる年であるのに逝かれてしまいましたが、私は今なお在るが如き気持を抱いております。そして、この遺稿集が、同君を慕う人々の手許におかれ、常に読まれる事を嬉しく思います。どうか、この岩崎航介と云う「達人」の事を、長く忘れないで頂きたいと思い、友人として序を書かせて頂きました。

昭和四十三年歳末

東京工業大学教授
工学博士　**桶谷繁雄**

目次



題簽　桑原翠邦
見返絵　広川操一

# 刃物の見分け方

私は多年第一線に働いて居られる若い皆さんに、一度で良いからお話したいと思って居りました。幸いに幹事の皆様のお骨折りで、今晩其のチャンスを与えられた事を非常に嬉しく思って居ります。

## まえがき

私が三条の刃物を何とかして、世界一の刃物にして、ウンと外国に売り拡めて見たいという夢を持ちましたのは、四十五年前の大正十一年で御座いました。其の夢は残念乍ら未だ実現せず、徒に小さな工場で苦労して居るに過ぎません。

此の長い年月の間に色々と経験しました事を基礎にして、刃物の鑑定方法を中心にしてそれに両脇に尾ひれをつけまして、最後にスライド写真で刃物の分子の状態を二、三枚写し、それから御質問を承ります。

会場の隅に加藤重利さんの処と大久保さん、淵岡砥石さんから借りて来ました顕微鏡五台、品物も五点で善悪様々の物を持って来ましたので、御質問が終わりましてから、時間のある方は、一つずつ順に説明を読み乍ら、のぞいて行って戴きます。こういう計画で御座います。

## 恐るべき小売屋

刃物の販売について面白い話を今年の六月に聞いたのです。広島に菊菅さんと云う大きな刃物の小売屋が御座います。大阪から西の方で最高の売上げをして居るのです。いつ行きましても必ずお客様が何人か入って居られます。刃物の小売屋でこんなにお客の入る店を、私は今迄見た事がありません。東京へ参りましても、広島の菊菅さん程、客の入っている店は無いのです。その社長さんが三条に来られたので、「貴方の所へ、三条から随分沢山の若いセールスマンが、売り込みに行くでしょうナ」。と聞いたところ、「エー、もうもう沢山いらっしゃいます。」お出でになると社長さんは必ず聞くそうです。

「一番自信のある刃物は何で御座いますか。」

「コレコレです。」

と答えて見本を出される。

「是は鋼に何鋼を使って居られますか。」

「安来鋼を使って居ります。」

「安来鋼には青紙、白紙と黄紙があるそうですが、どの種類の物で御座いますか。」

「私の所は青紙を使って居ります。」

「左様ですか。青紙には一号と二号がありますが、どちらですか。」

「イヤ、そこまでは知りません。」

そうすると菊菅の社長さんは言うのです。

「私共はそこまで御存知ない方の刃物を、安心してお客様に売る訳にはいきません。どうぞお引取り願いたいのです。」

シャットアウトなんです。成程ナ、此の旦那、恐しい事を聞くなと思って感服した事があります。二、三年前でした。三の町の広孫さんの所へ参りました時、御主人が、次の様な話をされました。大阪に大きな鋸の卸屋がある。そこへ今度行ったら、自分の所から買った鋸をズラリと並べて、一つ〳〵調べた硬さが書いてある。その大将の云うには、「広孫さん、御宅は何故こんな軟らかい鋸が、一番高いのですか。硬い鋸こそ手間を食うから高いと思うのに、最も軟らかい鋸が高いとは。コレはウンと値引きして貰わねばならない。安い中にグンと硬いのがある。これはどういう訳ですか。」

広孫商店でも、取扱っている鋸の全部は硬さを計った事がないんです。所が御顧客である大問屋がそれを計ったのです。此の交渉には参って了った。何とか話をつけたんでしょう。帰って来られてから鋸メーカーを呼んで、

「貴方の所の鋸は、こんなに甘い癖して何故値段が高いのですか。」

一方硬くて安い鋸を造っている人には、

「お前さんの所の物は、硬くて安いといって非常に褒められた。」

するとメーカーは、

「自分はいつか判るだろうと思って、硬い鋸を造って苦労してやって来ました。やっと今回それを認められた。値上げして貰うよりも苦心が判ったと云う事が何より嬉しい。」

と云って帰られた。

こうなりますと、刃物を売ろうとする場合、敵はね、鋼を知って居たり、硬さを計ったりするのです。こちらから売り込みに行く方は、それを知らん訳です。これじゃ商売で勝てる訳がありません。

## イギリスのセールスマン

東京に河野弥一と云う散髪鋏の日本一の名人が居りました。大量生産をやりました。戦争前は朝鮮・満洲から香港・シンガポール・インドネシア等、東南アジアに広く売っていました。メーカーであると共に、非常に商売の上手な方でしたが、亡くなられる三年程前にお会いしてお話を聞きました。

弥一さんの所では大正年間から昭和の初期にかけて、英国から地鉄に鋼を貼った材料を買って使っていた。最近では三条でも、地鉄に鋼を貼った物を越前武生、播州小野市、大阪方面等から複合鋼板と名付けて買っています。それが今から四、五十年前英国から、日本へ売り込んで来ていたのです。勿論その時代には三条へは入って

来て居りませんでした。それを買って散髪鋏を造った所、誠に具合いがよい。併し時々切味の悪いものが出るので、取扱った貿易商へ文句を云ってやったら、或日、製造元からイギリス人がやって来ました。そうして、あ、やれ、こうやれと技術上の指導をするのです。余りにも詳しい。その人の云うとおりにやると、良い物が出来るのです。それで感服しながら、弥一さんが聞いたのです。

「貴方は技術家として、何年位御経験があるのですか。」

「私は技術家ではありませんよ。学校は経済の方をやったセールスマンです。」

「それにしちゃ、貴方は、鋼の処理方法を良く知っていますね。」

「英国では之を勉強させて試験をします。試験に及第しなければ、東洋へのセールスマンとして派遣しません。」

会社で試験をするのです。此のやり方は全く驚いて了ったと、河野弥一老人が云って居りました。英吉利の組織を見ると、金物屋は番頭さんを金物の学校へ通わせます。バケツの講義の時は、バケツ製造会社の社長が来る。鉋の講義になると、鉋会社社長が来る。ドライバーの場合は、ドライバーのメーカーが先生になります。而して或一定の講義を受けると試験をする。試験に及第した人は、小売店の店頭に立って、御客様に品物を販売する事を許します。落第した者は店へ立つ事が許されません。

皆様がセールスマンとして、出張に出られる時、一体三条では如何なる試験をするであろうか。実力がスタートから違うんです。

こちらは大して勉強しなくとも年功序列、二十一歳になれば誰でもかまわず、順繰りにトコロテンの様に旅へ押し出して行く。旅の御客様は困る。使う素人は刃物を知りません。それをね、何故これは高いのか、何故これは安いのか、こう云う説明をするのが小売屋さんです。その小売屋さんはメーカーに会ってないから知らんのです。小売屋さんに説明するのが三条の出張員であるべき筈なんです。その出張員が、以上の様に知識が無いときたら、是は憐れな話です。却々巧くは商売が発展しない訳です。

## 鉋の検査法

或時私の所へ金物屋の番頭さんが来られて、「どうも鉋って奴は曲物だ。折角売り込んだと思うと間もなく返品してくる。大きなカケを出して、取換えて貰いたい。鉋位い嫌《いや》な商品は無い。何とか判る方法は無いものか。」

「それは判る。顕微鏡を使って鋼の分子を見れば、鍛錬即ち火造りの時の温度と叩き方が適当かどうかがちゃんと判る。焼入れ温度が丁度良いかどうか、顕微鏡で見れば百発百中です。あとは硬さを計ればよい。ロックウェル硬度計のCスケールで見ればよい。そういう風にして硬さを計って、甘い奴をはねる。分子の荒っぽい奴ははねる。あとは肉眼検査でわかりましょう。そういう風にすれば絶対返品はない。若し返品があれば大工さんの研ぎ方が悪いか、使い方が悪いかどちらかです。釘を引掛けたり、裏出しをする為に表の方から玄翁で、無茶に叩いたりしたもので、これは見れば判ります。そういうものはメーカーの責任でない。大工さんの失敗だと云って、新品と換えずに、研ぎ直してやれば良い。」

と語った所、

「済まんけれども、金を出すから、それを検査した検査証をつけて下さい。顕微鏡で見た結果、鍛錬による分子の大きさは及第した。焼入れの分子は誠に適当である。硬さはいくらいくらで、刃は大体硬向きだとか、甘向きだとか、こういうことを小さい紙に書いてお前さんの判子を押して呉れ。」

「よろしい、そうして上げよう。」

という事で、判を押してやった。誰が頼んだかと云うと、三条の人では御座いません。

　播州は小野の金物屋の番頭さんなんです。今から十一年前の事でした。そうして三条から私に証明させた鉋をドンドン買って行って売って居るんです。今も続いて居ります。

三条の金物屋の番頭さんがね、十一年前にそれを頼んで呉れたのなら万歳なんです。播州の人なんですから、誠に残念な話です。

**三条に於ける実験**

それを聞いて、私の弟が三条金物株式会社に居ったのですが、吃驚しまして、

「兄き、私の所にある一番高い鉋を調べて呉れんか。鉋という物は、売って代金をとった頃返って来るんだ。鑿は多少欠けても、これは一寸乱暴して叩いたからだ、と云って大工さんは我慢するが、鉋だけはどういうものか、直ぐ返品。メーカーの方へしわ寄せされる。大きな商店ではあれを嫌がる。」

それで調べて呉れと云って在庫品を二百枚程持って来ました。高級品です。一枚一枚顕微鏡で見ました所、不良品が三割です。六十枚は必ず欠けるのです。ビックリして、皆番号を打って良い物だけをお客様に売ったんです。何処の御店へ何番を売ったかを帳面に書いておきました。結果如何と待ったのです。返品される品がないので驚いて、

「科学的なやり方って正確なものだ。」

と、認識を新たにしました。そうして其の鉋を造った人に、

「兄きの所で検査して貰って呉れ、及第した鉋だけを買うから。」

と云った所、此の鉋鍛冶なかなか立派な人で、

「よし、やって見ましょう。」

と云って、出来上がったものを夜、持って来るのです。顕微鏡で見まして、点数をつけ、是は及第、アレは落第と区別しました。いつも何枚かの落第品が出るのです。そうすると、技術の良いメーカーは考え込むのです。

「同じに造った筈なのに、どうしてこう差違が出るのだろう。」

毎回悪い品がいくらかずつ混って来るのです。下手の人が造ると全部だめですね。及第品一枚もなしです。不

思議なものです。私はメーカーに、

「貴方は同じに造ったと思っても、それは思っただけで、実際は違うんです。違うからこう云う結果が出てくる。」

「どこでこんな差が出るんだろう。」

「それは鉋に聞いて見るがよい。又造っていらっしゃい。」

家族は心配します。今日は何枚落ちたかと聞きます。二枚落第すれば、何百円、三枚落ちたらばいくら損だという訳で、毎日の結果を家中で首を長くして待っているのです。そうやっているうちに、此の人は良い物を造る秘密を次々と見つけ出し、落第品が次第に減ってきました。約一年半程経ちましたら、どれを持って来ても全部及第なんです。

「もう貴方の鉋を検査する必要がありません。全部及第だから三金へ電話しましょう。」

と云いました。御自分は同時に顕微鏡を買いまして、造っては見、焼入れしてはのぞきして、今では不良品はどうすれば出るかを此の人は百も承知という所まで来ました。

**金切鋏の改善**

同じ様な手で弟は、トタン板を切る金切鋏に手をつけました。是は東京出来に対して、三条物はかなわないのです。

気の強いメーカーですが、此の人に、

「顕微鏡検査をして及第するものを造ったら、今の値段の倍で買ってあげるから、あそこへ持って行って検査して貰わないか。」

倍になれば占めたものです。少しは落第しても、倍に買って貰えば儲かると思って、持って来られました。検査してみると、半分位落第です。何回持って来ても落第品が混るのです。サァ考えちゃったんですナ。

「コレは一体どうすれば良いのだ。」

とお聞きになりましたので、次の様に答えました。

「実験を何回もやれば自らわかります。」

実は私は今迄の経験で、メーカーにこうやって、こうすれば出来ると教える事は禁物だと云う事を知っています。何処が禁物かと云うと、簡単に教えますと、それ以外のコッチの方に、秘伝があると思うんです。やってみて巧く出来ないと、必ず失敗する方の道へドンドン入って行って、教えられた秘伝を使わないものなんです。人間というものは妙なものでして、結局は生涯かゝっても、悪い方の藪へ入って、再び秘伝の方へ戻って来ません。それ故、直ぐには教えずに、それを黙って見ていて、「マア研究なさい、研究なさい。」と云っているうちに、自分で色々の事をやってみて、自分の知っている方法を全部やってみると、中に成功するものがある。それを指して、「こゝに秘伝があるのです。よく見つけました。これが第一の関門で初伝と云いましょうか、まだいくつもあるんです。順々に発見して下さい。」

やっているうちに又引掛る。それを実験していく。此の人は二年位かゝり、遂に約束どおり倍値で売りました。今では倍以上で、東京の金切鋏と同じ位の値段になって了いました。それでも注文殺到で造り切れん程です。

## 哀れな話

中にはメーカーだけが来まして、一番良い物を造るんだと云うのです。品物は脇鉋でした。三条小鍛冶さんでした。一年位四、五人で通っておいでになり、相当美事なものを造られたのです。お目出度いと思ったのですが、あとで聞いてみると、問屋さんが、品物は良いかも知らんが、値段が高いから買わないと云うんです。今日未だ売れてないでしょうな。頭の良い方が居られたら三条小鍛冶さんの所へ行って造らして、売ってご覧なさい。それはもう、日本一最高の切味の脇鉋です。これは私が今までお世話した一番気の毒なお方です。

これは要するに、売る所の番頭さんが、値段だけしか知らんという事なんです。こいつは併し、一番早く判りますすね。百円の品物は、九十円の品物より十円高いと云うんだから、誰にでも判る。だから値段しか考えないのです。

或る鑿鍛冶が非情に苦労して優秀な鑿を造っているのですが、

「イヤ、かなわんですよ。番頭さんが来られても、鋼の事は何も知らんし、火造りの時の熱のかけ方の苦労なんぞ、話した所でわからんし、焼入れ、焼戻しの秘密なんぞ全く興味がない。誰でもわかるのは値段ばっかりで、負けろ、負けろと云うのみです。全く張合いの無い話です。」

この張合いの無い思いを鍛冶屋さんにさせて居るのは問屋さんの番頭さん達なんです。だから、私はこういう方々が事業を拡大し、三条の産業を盛んにしようとして居られる事は認めますが、それをやる為に一日も早く、こうした事実を申し上げて、どうやって刃物というものを鑑定すべきかを知って貰いたかったのです。皆さんがそういう知識を持たれて、そうして苦心しているメーカーと提携して下されば、商品は必ず伸びるんです。絶対負けっこない。優秀品ですものね。多少値段が高くなるのは、これは決まっています。良くて安い物はないもんですナ。

所が値段だけしか判らんもんですから、安いもの、安いものと云って行くでしょう。

「負けろ、負けろ。」と云う。メーカーの方では余り負けろと云われるものですから、鋼を変えちゃって、悪い鋼を用います。まだ負けろと云われると、仕上げで手を抜きます。

小鋏が代表的な商品です。段々「負けろ、負けろ。」と云われ、益々負けて来たが、品質は益々悪くなって来た。今月東京へお出になって、三越前の木屋商社へ行ってご覧なさい。小鋏一丁二百五十円というのは、播州は小野産の鉄です。

三条の鋏は何処にある。一番下の棚に五十円位の値段で並んで居ります。誰がこういう風に三条の小鋏を粗悪なものにしたか。メーカーに三割の罪、問屋の番頭さんに七割の罪があるのです。

雑誌「暮しの手帖」をご覧なさい。鋏の事が出ています。是は小野の鋏鍛冶の話を中心にして、三条の鋏鍛冶の事は一人もその中には出て居りません。

そういう風な具合で、只「負けろ、負けろ。」で値段の競争だけで進んで行けば、遂に惨めなものになり、小鋏は雑貨に落ちて了います。これは三条だけでないんです。

三木と小野へ参りますと日本剃刀を造っています。終戦後七十二軒で造って居りました。そこへ、例によって金物屋の番頭さんが行って「負けろ、負けろ。」と云うものですから、段々負けちゃったんです。負ける代わりに品質も段々負けてきて切れない日本剃刀を販売したのです。一方では安全剃刀に攻められ、片方では西洋剃刀に圧迫され、今度は電気剃刀に攻撃され、三方から攻め立てられて、今では剃刀鍛冶は僅かに六軒になりました。その六軒で造っている剃刀も優良品とは申されません。

三条の小鋏、三木の日本剃刀、これは問屋さんの番頭さんが製品を悪くした東西の代表的なものです。

そういう点で、物を売る皆様には特別にご注意を願いたい。

良いものを良いものとして、高く売って貰いたい。安いものは安いものとして売って貰いたい。

即ち高い物、中等の物、安物とどの種類のものでも揃えておくという事が、産地問屋の強みだと思います。安くなければ買えないという階層の人も居ります。そうした人達の為には、安い物を出さざるを得ないものです。従って鋳物のラシャ切鋏などは、貧乏な東南アジアでは大歓迎です。金が無くて高い物を買えないのです。斯くして、上・中・下の物が必要なのに、上の物をなくして、全部並物にして了ったら、之はもう問屋さんの罪、甚だ大と云わざるを得ない。之を防ぐには矢張り相当の勉強をして貰わねばならない。

### 安物と高級品

或時、栃木県宇都宮市新井銅鉄店へ、東京の刃物問屋の社長さんが鉋を、売込みに行っておられました。そこへ若い大工さんが来て、この鉋は歯が大欠けするから取り換えて欲しいと云ったのです。ひょいと見たら其の人の納入したものでした。そうしたら社長さんは、

「砥石はありませんか。」

と金物屋さんの砥石を借りて、直ぐ店先で鉋を相当時間をかけて研ぎ直しました。美事に研ぎ上げたのです。而して台に仕込んで板を削って、鮮かな切味を示して、大工さんに、

「少し研ぎに欠点がありました。此のママ御使い下さい。」

と云って渡したのです。後日大工さんが新井銅鉄店へ来て、とてもよく切れると大満足だった相です。これでスッカリ信用したお店では、他の問屋から仕入れて居られた鉋をやめて、全部右の社長の所へ注文された相です。此の社長さんは東京の神田のロケット刃物の小黒菊太郎さんです。

先年三条へ来られて、取引きしてから何十年になりましたから、どうか御出で下さいと、多数の金物屋を招いて、盛大な感謝の宴会を催されました。私はこの話を御本人から直接に聞いたのです。

さて皆様にお聞きしますが、小黒さんの様に若い下手な大工さんよりは上手に、鉋を研ぎ削って見せ得る方が、此の中に何人居られますか、それ等を考えると、三条のセールスマンは穴だらけです。さっぱり商品の勉強をして居られない。併し金は儲けたいんだナ。これは駄目ですヨ。準備なしに、努力しないで銭を蓄めようというんだから、是は図太いね。巧くゆきません。況んや海外へ出て行って、ドイツの商品と競争しようとしても、とてもソンナ事はうまく行きません。どうしても安物しか売れない。だから外国へ売れるなんて云って喜んでいても、調べて見るとガッカリします。高級品を売っている所に並んでないのです。数は余計出るけれども、非常に安く売られている。映画なんか見ると、ナイフが曲がったら、

「日本製だから曲がった。」

と俳優がせりふを云っているのです。それは曲がりますね。洋食器のナイフなどドロップハンマーでドーンと叩いてやっているんだ。硬い鋼ではない。あゝいう風の物がジャン〳〵輸出されるのが残念な話です。三条でも大分海外へ出ると、喜んでいらっしゃるけれども、さて海外で、どれ位に売れているかを調べて見ると、値段はドイツ品の二分の一から三分の一です。瑞典製はドイツ品の二・三倍で売れているのです。瑞典人に会ったら、

「あ、ドイツ品ですか、あれは安物です。」

日本人はドイツ品に対して、大したものだと尊敬しているのに、瑞典人はドイツ品の二倍位に売っている。まだ上が居る訳です。それ位差があるのです。日本品なんて云うのは低い方です。併し有難い事に下の方に香港製だの台湾製だの朝鮮製、インド製などと云う物凄いのが出て来ました。コレは値段の点では燕といえども、三条といえども、刃が立たん様です。ヨーロッパではイタリアが安物を出します。洋鋏などは、日本の鋏の値の三分の二です。こんな事を聞くと、ガッカリします。大体文化程度の低い国が安物を造る。当然ですね。よい物を造れと云っても、造る方法を知らんものね。

「銭を沢山出すから、よい物を造れ。」

と注文する人が時々ありますけれども、何処に手をつけて良いか判らんものですから、仕方なしに、四方八方を磨きまして、「総磨きで御座います。」

どうなりますか、こんな事で銭をいくら出しても、優秀な鉋を造れない人も居ります。今は少し違います。熱心家が出て来て相当によい物を造って居ります。

併し一方では前に私の云った様に、値段の競争で段々悪い物を造っている。ステンレスの庖丁がその運命を辿って居ります。何しろ安い方が売り易いから、小売屋も売り易い方を歓迎するので、ジャン〳〵安物を造る。

とう〳〵三条のステンレスは切れない、息の方が切れる。よく〳〵調べたら安く安くと来るので、鋼の悪いもの、即ち軟らかい物を使う様になった。軟らかいステンレスを使って何で切れましょう。そういう状態なんです。これでは困ります。

一方では非常に高い物を造って居る所がある。東京の木屋商店では、小売値一挺千円近いステンレスの庖丁を売って居ります。何鋼を使っているかと思ったら、墺太利のショーラー・フェニックスの鋼を使っています。是に比べて三条での最高のステンレスは小売りでいくらですか、五百円で売っているものは一挺もありません。そう云う安い物で、素晴しい切味の物が欲しいと云っても、是は出来っこありません。

どういう訳で木屋商店は、ショーラー・フェニックスの鋼を使って、千円近い庖丁を造っているかを調べた事があります。矢張り切味を中心にして、値段が高くとも切味のよい物が欲しいと云うお客の要望があるからなのです。だから自分はフェニックス社の鋼を選んだと云うのです。よく聞いたら木屋商店の二男さんは早大理工学部の金属学課を卒業して居るのです。何もかにも判るのです。そういう知識があるから、切れないステンレスを排撃して、値段が高くとも切れるステンレスの庖丁を造ったのです。

スエーデンでは今から十五年位前に、既にステンレスの安全剃刀を発売していました。ステンレスの安全剃刀製造で、世界中で一番早いのは、スエーデンで御座います。今では日本でも資生堂のポアンとか、フェーザー等、ステンレスの安全剃刀が出て居ります。外国では英国のウイルキンソンもありますし、米国のジレットもあります。併し最初に造ったのはスエーデンで流石に世界一の鋼の国です。

スエーデンの或会社のカタログを持って来て、どんなステンレス鋼を、刃物鋼にしているかを調べました。その前に安来鋼を一応見る必要があります。表を見て下さい。安来鋼に銀紙三号というのが、出ています。是は炭素が非常に多く、〇・九五～一・一〇％と出ています。他にクロームが何パーセントと書いてありますが、これ

| 区分 | ヤスキ規格記号 | 化学成分 (%) | | | | | | | |
|---|---|---|---|---|---|---|---|---|---|
| | | C | Si | Mn | P | S | Cr | W | Mo |
| 刃物鋼 | 銀紙1号 | 0.8 ～0.90 | — | — | — | — | 15.00～17.00 | — | 0.30～0.50 |
| | 銀紙2号 | 0.45～0.55 | — | — | — | — | 12.50～14.50 | — | 0.30～0.50 |
| | 銀紙3号 | 0.95～1.10 | — | — | — | — | 13.00～14.50 | — | — |

だけの炭素のクロームを入れて造りますと、焼入れをしたあと錆び易いのです。ステンレスで困った事は焼入れして硬くすると、錆びるという性質を持っております。それで仕方なしに承知の上で、軟らかいステンレスで庖丁を造って居たのです。

所がスエーデンでは炭素量一・一％入れておいて、而も焼入れしても錆びない鋼を造りました。何が入って居るかと思ったら、コバルトを入れて居るのです。コバルトというのはタングステンよりもまた値段が高い。非常に高価の特殊成分をステンレスの中に入れまして、他に若干のバナジウムを加えているのです。此のカタログを私が見ましたのは、昭和二十六年、今から十五年程前でした。

吾々が三条で優秀なステンレスの庖丁を造ろうと思ったら、コバルトの入っているスエーデンの鋼を買う他ない。それでは残念ですので、昨年私は燕の明道金属株式会社の社長さんに頼んで、炭素量一・一％にコバルトを入れたステンレスを試作して貰いました。それを圧延した板から、下村工業さんで庖丁を作って貰いました。七挺だけ出来上がったのは、今から二ケ月前でした。遅いものです。之を問屋さんの所へ届けて一ケ月ずつ切味試験をして貰って居ります。一ケ月使うと受取りにゆき、別のを渡して再び試験をして貰います。刃の角度が問題になりますので、角度を色々変えて、七挺をグルグル廻して研究中です。是は下村工業株式会社を中心にした長期に亘る切味の耐久力実験で御座います。完成すると切味の良いステンレスの庖丁が生まれるかも知れません。

安来鋼の中の銀紙三号は、炭素量とクロム量しかカタログには出ていません。他の特殊成分は発表してないのです。それを発表すると直ぐ他の会社が真似して困ると云って居りました。

　ステンレスの庖丁に対して、安い物だけを狙わずに、右の様な高い材料を使って、上等品も売り出す様にして貰いたいと思います。

　値段を叩くのは一番下級品だけを叩くのがよい。上等品は値段を叩かずに物を造って金を沢山出して貰えば、遂にはアメリカの市場へ行ってドイツ品と一騎打ち出来るものが、生まれて来る筈です。どうかそういう風に考え乍ら進んで欲しいものです。

### 十万円の鉋

　それでね、刃物という物の鑑定の一番大事な所は、七割占めているのは何だと云うと、鋼なんです。

　鋼の何を使って居るかと云う事は、刃物の善悪を決定する一番重要な要素です。

東京に千代鶴是秀《これひで》という名人が居ました。八十四歳で先年亡くなりました。此の人は大したものを造っていました。鉋一枚四万円です。併し亡くなる前三、四年間、一枚も造らないと云って居られました。鉋を持っている商店では、非売品にして、ショウウインドに飾り、そこへ説明書をつけて、千代鶴是秀翁昭和何年の作と大切に陳列して居りました。大工さんはそれを眺めて、よだれを流すのです。絶対に売りません。

　私がお会いして、色々数えて貰った時、

「あたしはね。鉋一枚造るのは、十日以上かかります。」

「どうしてそんなにかかるのですか。」

「あたしは鋼を伸びるな、伸びるなと云って叩きます。越後のお方は伸びろ、伸びろと云って叩く。だから一日に五枚も十枚も出来るのです。私は鉋の平を叩くが、コバは叩きません。」

「どういう訳でこばを叩かないのですか。」

「こばを叩くと、鋼の線維が乱れます。」

「では平を叩いて、幅が広くなったらどうしますか。」

「銑と鑢で削ります。」

大変な手間をかけるので一枚四万円になるのでしょう。

秩父宮様に献上した登山ナイフは、六十日かかって造り上げたと語って居られました。そう云う名人でした。

此の人が亡くなってから、東京の木屋商店で、この鉋を飾ったのです。そこへ一人の紳士が来て、値段を聞きました。若い店員が、非売品ではあるが、ウント高い値をつけて驚かせてやろうと思ったのでしょう。

「十万円です。」

紳士は少しも驚かず、

「買いましょう。」

と云って代金を出したのです。

店員は十万円なら、売ってもよいと思ったのでしょう、之を渡しました。

あとでこれを知った社長はビックリして、たとえ二十万円でも売る物ではなかった。二度と手に入らない宝物だったのにと残念がる。買った人は誰方だろうと、色々調べた結果、土建業の大物、間組《はざま》の社長である事が判った。早速木屋商店の代表が、間組を訪ねて、社長に千代鶴是秀の鉋の由来を語り、

「将来若し人手に渡す様な事があるなら、是非私共の所へ売って貰いたい。」

と懇願したのです。私は此の話を木屋商店の常務加藤俊男さんから、直接に聞いたのです。

又ある時、研究の為に訪問した折、鋼は国産では何を使って居られるかと質問した時、

「国産の鋼は使いません。何十回も見本が届けられて来ますが、まだ一度も使った事がありません。」

「何故使わんのですか。」

「切味が悪いからです。」

これ一言。国産の鋼を生涯一度も使わないのです。私は吃驚しました。何故使わんのだろうか。音に聞こえた有名な鋼が御座いますのにね、千代鶴さんは数十年来、日本産の鋼を使わんのです。一体これは何処に原因があるのか。

## 曲がらない刺身庖丁

新潟市に長島宗則という、下駄屋道具の名人が居ります。清房——清宗——宗則と続いております。此の人に対して私が驚いたのは、曲がらない刺身庖丁を造る点です。皆様は刺身庖丁を仕入れる時、曲がりを調べましょう。どの庖丁も刃の所は真直《まっすぐ》です。曲がらない庖丁と云っても奇妙でしょう。併しそれを買ってね、三年以上経ってから、板前の所か、鮨屋へ行って、お売りになった庖丁を見て下さい。必ず鋼の側に曲がって居ります。宗則の庖丁は三年使っても、四年使っても曲がらないのです。造ったばかりの新品が曲がってないのは、こんなのは当たり前です。三年、五年と使って曲がらない刺身庖丁を造る人が、三条に居られるか。居たら御目にかかりたい、どうぞ皆様が三、四年前にお売りになった庖丁を調べて見て下さい。長松さんへ行って板前の庖丁を見て下さい。皆曲がっています。それを曲がらない刺身庖丁を造ると云うんですから、是は唯者でありませんナ。それは名人なのです。

此の時の話では、某製鋼所の鋼でも昭和十年と十一年に造られた鋼が、特別によい。あとのは駄目だというんです。八釜しい註文が来ると、蔵っておいた十年と十一年製の鋼を取り出して来て造る。此の事をその会社の技師に話した所、その鋼を少し送って呉れと云うんで、送ってやった。答えて曰く、

「分析して見た所、現在の物と全く同じで御座います。」

併し全く同じ物をね、宗則程の名人が特別註文の時だけに使うという事は、かくれも無い事実なんです。此の時鋼会社の技師の云う事を信ずるか、刃物の名人宗則の言葉を信用するか、私は名人の云う事を尊しとするもの

です。製鋼所の技師は刃物を造った事がないのです。分析した結果が同じだからと云われても、これには科学者の気付かない何かの原因がある。

東京の名人千代鶴是秀が生涯国産の鋼を使わなかったという事は、屹度国産の鋼に、人の気付かない、何等かの欠点がある為と思われるのです。私はそれを調べたいと考えて、何年もかかって研究しているうちに、幸い発見したのです。或欠点の為に長切れする刃物が出来ない事が判りました。

早速その某製鋼所の懇意な技師に、その旨知らせました。勿論千代鶴や宗則の話もつけ加えました。併し多年苦心して開発されただけに、大きな自信のある技師は、直ぐには耳を傾けません。

「そんな文句を云うのは、お前さん一人だ。他の人は皆喜んで使って下さる。」

と云うのです。その上悪い事に、私は二百キロか、三百キロしか註文しない、零細企業でしょう。私からの申し立ては、問題にしないんですヨ。私はその会社の鋼で造った剃刀を持って行って、此の欠点だと、持参の顕微鏡で見せるんだけれども、承認して呉れません。当時刃物を顕微鏡で調べる科学者は、私一人しかいないのです。私より他に文句を云う事の出来る人が居らんのだから、私の云う文句というものは、是は大事にして貰わなければならんと云うが、大事にしません。いつまで経っても直して呉れんのです。

所へ援軍が出て来たのです。日産自動車からです。同社の研究所の幹部の樋山慎治という人が研究したのです。日産はね一単位で三千万円位の鋼を買うのです。バーンと買う。大旦那です。そこの研究所の大幹部が、その某製鋼所の鋼にこう云う欠点がある。私と同じ事を云うのです。こちらは喜びましてね。

どんなに正しい意見でも、僅か二百キロのお客様では、コレはダメなものですナ。いい意見を出しても通らんものです。矢張り余計買わにゃいかんね。そう云う所に何か盲点がある様な気が致します。

その日産自動車の樋山さんは有難い事に、三条出身なのです。二の町村松屋小路に樋山という家があるでしょう。あそこのオッ様なのです。此の間も第何回目からの欧米視察をして来て、最近帰って来られ、今日その通知が来ました。彼が私と同じ結論になってね、その会社に話したのです。

こうなると製鋼所でも、これは大変だという事で、日産様からそう云われちゃ、直ちに改良しなければならぬと云って、鋼の造り方に大改良を加え始めました。千代鶴さんが生きていれば今度は使うかも知れません。という様な気がするんです。

そう云う具合いに、鋼を選ぶ眼力というものは、刃物鍛治にとって最高の「ウデ」なのです。どの鋼を使うか、どんな試験をするかという事が大問題なのです。ですから皆様方が刃物のメーカーの所へ行って、勉強なさる時、先ず第一に如何なる鋼を使うかを聞いて、何故それを使うかというのを、ドシ〳〵聞いて下さい。出来れば昼間を避けてね、昼間は相手が仕事をしていますから、夜とか、休みの時間とか、或は休日に行って、鋼の話を聞いて貰いたいんです。

そこで得た知識を持って行って、小売屋で説明して貰いたい。そうでなければ高いのと安いので、何処が違うという事が判らんものね。判れば小売屋さんも其のとおり説明するから、御客様も高くて長持ちする方を買って下さる。

鋼が第一に問題になって来る。ですから新潟の長島宗則さんの様に、昭和十年と十一年の物がよい。と分かる名人も居られる。段々調べたら、十年度十一年度の製鋼法と、戦後の製鋼法が違っているのです。その十年度十一年度は工藤治人《はると》博士が、現場に入って指導された最高の鋼だった。唯分析表だけ見て、鋼は判るものじゃ無いのです。

此の他に幾つもの要素が物を云うのです。初めのうちはこの表をたよりにして、是はいい鋼だとか悪い鋼だと云わざるを得ませんが、次第に奥に入ると、今度は、酸素はいくら入っているんだ、窒素はいくら入っているんだということを問題にするようになります。窒素は百万分の一と百万分の二では鋼が違って来ますからね。

## 砂気について

それから砂気《すなけ》と云うのがあるんです。鋼を奇麗に磨いて何もつけずに、顕微鏡で御覧になりますと、胡麻粒の様な黒い砂気が入って居ります。どの鋼を見ても必ず入って居ります。こんな混り気のない鋼が欲しいと云って金《かね》のわらじをはいて探しに行ってもありません。スエーデンへ行ってもありません。ドイツへ行ってもないのです。何処の国の鋼であっても、ドンナに優秀の鋼でも、中に必ず砂気が入っているのです。この砂気を全部とる方法は、現代の科学には無いのです。皆様は鋼の表面を見られるとピカ〳〵光って居るから、胡麻塩の様な、黒い物が入って居るとは、夢にも考えては居られないでしょう。併し完全に磨いて顕微鏡でヒョイと見ると、中には豆粒の様なものだの、時には紐の様に細長い妙なものが入って居ります。之をどうして少なくするかで、世界中の鋼の専門家がねじり鉢巻なんです。水と違って鋼は熔けましてもさら〳〵しませんので、砂気は全部が全部浮いて呉れません。

それは鉱石から入るし、屑鉄からも入ります。熔かしているカマは耐火煉瓦で出来ています。熔かして居るうちに、煉瓦の砂がはずれて鋼の中へ入ります。それ等の物の中には熔解しても、浮かんで来ない物もあるのです。大きいものが入っていると、段々研ぐに従って刃先へ出ます。するとポロッと欠けます。鋼の分子が細いとか荒いとかいうのは問題外です。そういう砂気の大きいのが入っていますと、必ず刃物は長切れしないのです。

砂気の一番少ない鋼、酸素や水素や窒素の少ない鋼それに燐と硫黄の少ない鋼に対して、刃物鍛冶は各人の知識の程度に応じまして、苦労して鋼を選ぶのです。同じく安来鋼の青紙一号を使うとして、分析表を見ます。丁寧に見て此の成分なら、一釜分全部買うと、五年分位をポンと買う人も居るんですヨ。そういうメーカーの苦心というものを、番頭さんなり、若主人の皆様が、よく聞いてやって下さい。その苦心を御苦労、御苦労という気持で、ノートに取って貰い度い。そうすれば広島市の有名な刃物店へ売りに行っても、鮮かに私の所は青紙の二号を使っていますと、ピシャッと云えるのです。そうすると向こうは、其の上又色々と質問して来ますヨ。科学的の質問をた丶みかけて来ます。と云うのは広島の刃物店では、逸早く金属顕微鏡を買い、それで仕入れた刃物を全部調べて居るのですから、たまった物でありません。そうやって高いか安いかを調べる。硬度計は持っていますし、鋼の知識はある。そうやって知識を増してゆくから、お客様が殺到する。当然売れる訳です。知識の無い所へ、お客様は行く訳がないのです。

## 玉鋼の剃刀

私共は西洋剃刀を造っております。日本刀の原料の玉鋼を使って、剃刀を造っておりますが、世界中で一番よい刃物は日本刀なんです。是は誰しも認めますが、日本刀の製法を探して来て、それで刃物を造ればドイツ品以上の物、スエーデン品より切れる物が出来る筈なんです。そこを目指して私は到頭四十五年を費やしました。併しこんな事をやって日本刀の原料玉鋼から鍛えて行くとなると、手間を食って、大量生産になりません。皆様の様なセールスの巧い人が売りに行かれると、一年間の生産量を、一日で註文をとって来られる。吾々はそんな大量のものでは手も足も出ません。これじゃ企業になりません。何とかして玉鋼に匹敵する鋼を、大量生産によって造って貰ってそれが一定の寸法になって、二トンで三トンでも出来るようにならなければ、如何に優秀なものでも、皆様方に売って下さいと、御願いする訳に行かんのです。

所がそうした鋼を造るメーカーの選択に対して吾々は苦労しつづけて居ります。今日も尚、その問題は解決して居りません。吾々は生意気で色々な事を知っているので註文の条件が難しいのです。砂気は成るべく細かくして少なくとか、マンガンがどうだとか、燐は減らして呉れと、色々の制限をするものですから鋼会社が嫌がって、そんな面倒なのは御免だ。ドチラ様もコストダウン（値段を下げよ）、コストダウン、安くしろ、安くしろと云うんだから、お前さんの様な面倒な註文は聞いていられないと云う。こういう有様で、却々思う様に行きません。スエーデンへ頼もうかと思って連絡したら、五十トン位註文して下さい。そうすれば試作しますというんです。

五十トンあったら私の所では五十年間使われます。トテモ今の所そういう手は打てない。こういう具合いで、鋼探しで先ず第一に苦労します。

### 鋼の焼入れと切味

それで鋼の話へ入りますが、此の表を見て下さい。安来鋼の青紙と白紙と黄紙で御座います。青紙と云うのが一番値段が高い。一番値段が高いから、一番切れる刃物が出来る。こう思う方が多いのですけれども、そうでありません。青紙よりも二割程値段の安い、その下の白紙で造った方が、切味がよろしいです。こういう事を先ず覚えて欲しい。

併し乍ら白紙で最高の切味を出す所の刃物を造るという、其の技術は、青紙でもって最高の切味を出す人の二倍から三倍の苦心をしなければならない。だから研究の浅い方が、白紙で刃物を造ると、必ず不良品になって了う。研究の浅い人は青紙を使うべし。研究の進んだ人は白紙を使うべし。

と云うのは、亡くなられた星野初弘（初代）さんは、晩年は青紙を使わなかったのです。あの人の鉋は白紙で御座います。亡くなられてから工場の方針が変わったらしいけれども初代の初弘はどういう訳か青紙を使わんのです。

「貴方は何故青紙を使わんのですか。」

と聞いたら、

「あれ、切味悪いもん。」

と云われました。其の頃私はまだ白紙の本質を知らなかったのです。何故青紙が値段が高いのに、白紙の方の切味がよいのか。段々調べて見たら青紙にタングステンが入って居るのです。タングステンは一トン三百万円位するのです。だから高いのです。併しタングステンが入って居る為に、長切れしないのです。こういう事実があるのです。加藤重利さんと一緒に、私の所へ鉋の研究に来られた、鍛冶町の五十嵐さんという方が、面白い事を云われました。青紙と白紙で鉋を造って欅《けやき》の渦を巻いた硬い所を削って見る。青紙は間もなく参って了う。最後迄

## 23　刃物の見分け方

ヤスキハガネ

| 区分 | ヤスキ規格記号 | 化学成分（%） | | | | | | |
|---|---|---|---|---|---|---|---|---|
| | | C | Si | Mn | P | S | Cr | W |
| 刃物鋼 | 白紙1号 | 1.20～1.40 | 0.10～0.20 | 0.20～0.30 | 0.025以下 | 0.004以下 | — | — |
| | 黄紙1号 | 1.20～1.40 | 0.10～0.20 | 0.20～0.30 | 0.030以下 | 0.006以下 | — | — |
| | 白紙2号 | 1.00～1.20 | 0.10～0.20 | 0.20～0.30 | 0.025以下 | 0.004以下 | — | — |
| | 黄紙2号 | 1.00～1.20 | 0.10～0.20 | 0.20～0.30 | 0.030以下 | 0.006以下 | — | — |
| | 白紙鋸材 | 0.90～1.00 | 0.15～0.25 | 0.25～0.35 | 0.025以下 | 0.004以下 | — | — |
| | 黄紙鋸材 | 0.90～1.00 | 0.15～0.25 | 0.25～0.35 | 0.030以下 | 0.006以下 | — | — |
| | 白紙3号 | 0.80～0.90 | 0.10～0.20 | 0.20～0.30 | 0.025以下 | 0.004以下 | — | — |
| | 黄紙3号 | 0.80～0.90 | 0.10～0.20 | 0.20～0.30 | 0.030以下 | 0.006以下 | — | — |
| | 黄紙4号 | 0.70～0.80 | 0.10～0.20 | 0.20～0.30 | 0.030以下 | 0.006以下 | — | — |
| | 糸引4号 | 0.70～0.80 | 0.15～0.25 | 0.20～0.30 | 0.030以下 | 0.010以下 | — | — |
| | 緑紙4号 | 0.70～0.80 | 0.15～0.25 | 0.20～0.30 | 0.030以下 | 0.020以下 | — | — |
| | 黄紙5号 | 0.60～0.70 | 0.10～0.20 | 0.20～0.30 | 0.030以下 | 0.006以下 | — | — |
| | 緑紙5号 | 0.60～0.70 | 0.15～0.25 | 0.20～0.30 | 0.030以下 | 0.020以下 | — | — |
| | 青紙1号 | 1.20～1.40 | 0.10～0.20 | 0.20～0.30 | 0.025以下 | 0.004以下 | 0.30～0.50 | 1.50～2.00 |
| | 青紙2号 | 1.00～1.20 | 0.10～0.20 | 0.20～0.30 | 0.025以下 | 0.004以下 | 0.20～0.50 | 1.00～1.50 |

切味の止まらんのが白紙でした。それで自分は白紙で造った鉋は、寸八で卸値千円以上で売っている。この値段となれば三条では最高の部に入ります。一昨年は一年間で三十枚売れました。去年は売れ行きが伸びて百枚になりましたと云う。四十一年の正月に来られて、今年は東京の或大工道具専門店から、一ケ月三十枚ずつ契約したい。一ケ年毎月それだけ納めて呉れと、三条の問屋を通じて申し込があった。お蔭で今年は三・四百枚になるでしょうと喜んでおられた。私は成程と思った。問屋出しが千円以上でも、東京の大工さんは、白紙の切味を認めて買って呉れるのです。

千代鶴是秀を襲名した三代目千代鶴（落合宇一さん）は、白紙と青紙で鉋を造り、切味試験をした結果、白紙の方が倍も長切れすると発表された事があります。

私共が剃刀を造っても判ります。白紙の方が切れるのです。所がです白紙の方は、鍛錬が難しくって、どうしてもボロ欠けする様な刃物になり勝ちです。それに焼入れが面倒でして、油なぞで焼入れすると雲が沢山出ます。雲というのは刃物に光を当て、見ると、雲の様なものが刃物の表面に見えます。其の処は軟らかいのです。焼が完全に入っていない為です。ヤスキ製鋼所の説明書に依れば冷却剤として白紙には油か水と書いてありますけれども、油では焼が入りにくいです。私共の実験では油の中で焼入れをしてもうまく受けつけません。水でなければよい焼が入りません。

青紙の方は油でも水でも焼が入るのですが、白紙はそうでありません。水を使っても、鋼の出来具合いによっては、雲がついて、まん中に軟らかい部分が出る事があります。そういう性質を持って居ります。鋼というものは、優秀であればある程焼入れが面倒なのです。

日本刀の原料の玉鋼の如きに到っては、最も難しい。自信のある刃物鍛冶が、よく玉鋼を分けて呉れと云って来られます。分けて上げるんですが、焼入れの所で皆手を挙げて了います。切出小刀を造って、焼入れして見た人があるのです。仕上げて見ると、刃先から奥の方へ三分（九ミリ）位しか焼が入って居りません。奥の方は焼が入らんのです。乱れ焼になるのです。鋼の部分全体が、ピタッと焼が入るべきものを、刃縁だけしか焼が入りません。優秀な鋼は焼が入り難いという原則があるのです。それを上手に焼を入れるのが、ウデの出し所なんですナ。上手に焼の入ったものは、研ぐととても研ぎ易い。ザク〳〵、ザク〳〵とおりるのです。その癖木にかけると、いくら使ってもピクともしないのです。焼は入りにくいけれども研ぎ易い。其の他赤めて金槌で叩いて見ると、実によく伸びるのです。型打ち鍛造などをやったら、型はいたみはしません。よく潰れるのです。それを青紙なぞ持って来て型打ちをして御覧なさい。型の方がヘタバッテしまう。ダメです。

此の他に刃物鍛冶は、鑪掛けとか、或はセン掛けによって、鋼の善悪を調べるのです。槌当たりがよくて、軟らかい感じで伸びがよく、鑪の掛りがよくて、センでよく削れるのを見て、これは優れた鋼だという鑑定法があるのです。どういう成分が入って来ると、そういう性質になるか、どんな熱処理でそうなるか、未だに不可解の所が御座います。スエーデンの鋼は実に伸びがよい。飴みたいですナ。焼を入れると、ピッとするのです。どういう訳か、理屈は判らんけれどもそう云う物があります。

日本の玉鋼は、赤熱して叩いて見ると、まるで地金《かね》の様に軟らかい。それでいて焼を入れると、ピンとします。研ぐとサッとおりるのです。

鋼の中に研ぎにくい鋼と、研ぎ易い鋼があります。青紙は非常に研ぎにくい。そう云う研ぎにくい物は、大工さんとしては、却々刃がつかない。刃がつかないと此の鋼は硬いというんです。硬いんじゃないんですよ。研ぎにくいだけなんです。そんなら試しにシャベルを研いで御覧なさい。研げるもんじゃない。シャベル・つるはし・鉄道のレール・ステンレスの刃物、くにゃりと曲がるくせに、砥石にかけると研げやしない。研ぎにくい性質と砥ぎやすい性質は鋼の種類によって決まっておるものです。それを大工さんは、却々研げないと、之を硬いと云います。硬さを機械にかけて測《はか》って見ると、案外に軟らかい物もあります。

すべて鋼というものは炭素によって硬さが変わる。だから青紙一号の炭素量と、白紙一号の炭素量、黄紙一号の炭素量は同じです。焼を入れると此の三つは同じ硬さになる。それを青紙が特に硬くなり、黄紙がそれ程硬くならんと思うなら、大間違いです。硬さは全部同じです。

値段の差は何によるかと云いますと、青紙はタングステンが入っているので高い。タングステンが入ると、鍛錬によって分子が細くなり易く、焼入れは油でも完全に入るという都合の良い性質があるのです。

白紙は青よりは値段が低いが、ウデのよいメーカーが使うと、同じ硬さであっても、粘り気があって、刃が長持ちするものが出来る。砥石に掛り易く鑢やセンも掛り易い。だが普通のメーカーではうまくこなせないのです。

従って鋼の善悪を値段だけで決定してはいけません。

## ハイスについて

世間にはハイスというのがあるでしょう。鉄を削るものですから、あれが一番硬いと思っている人が多い。私の友人が罐切を研究したのです。失敗した後に聞いたのですが、切る刃の部分にハイスを使ったのです。所がハイスという物は、削る時の摩擦熱で温度が摂氏四百度になっても、硬さが減らないという長所があるのです。焼を入れた結果は、青紙も白紙も黄紙もハイスも同じ硬さなんですヨ。そんなに硬くないのです。ハイスというものは粘り気が無くて脆いから、薄くするとボロ〳〵欠けるのです。だからバイトの様の刃先が厚ければ、欠けはせんのです。それを罐切にして薄くしたでしょう。硬いばかりで脆いから、罐詰の蓋を切るとポロ〳〵と欠けて了います。到頭失敗した。罐切の様な熱の出ない所へ、何でハイスを使うのか。そんなもの黄紙で十分のものを。黄紙の一号を使えば間違いなかった。惜しかったなと思いました。

メーカーと問屋が共に熱心にやる時にも、こうした知識を持っておれば大きい損は防げたのです。ハイスを薄くして罐を切っては絶対ダメなんです。用途が違うのです。値段さえ高ければ何でもよい鋼だと思う人もあるが、そうはゆかないのです。それで安物は黄紙、中等品は青紙、上等品は白紙でゆくとよいのです。

ステンレスの方では、表の下の方に銀紙があります。一号、二号、三号とありますが、三号が一番炭素量が多いのです。之を使うとね可成り切味のよい物が出来ます。上手に焼入れし、焼戻しをし、刃付けをよくするとよろしいのです。残念乍ら値段が相当に高い。値段が安くて切味のよいステンレスを造る事は不可能らしい。矢張りよいものは値段も張ってきます。高いステンレスの庖丁を買って呉れる、大都会の金物屋へ売込みにゆく、という風になされば、ステンレスの名誉も快復するかと思います。

**鋼と火造り**

それから鋼を持って来て、火造りをします。赤めて叩く時、即ち鋼つけをして、段々と形を造り出して行く時、赤め方と叩き方に秘伝が御座います。そこで温度のかけ方、叩き方を間違いますと、分子が大変荒くなって、ポロ欠けする刃物が生まれて来ます。だからあの火造りの所に秘密があるという事を覚えて置いて戴き度いのです。

**焼入れ**

その次に焼入れになります。焼入れをした結果を顕微鏡で見ますと、焼入れ温度を過したものは、南天の葉のような模様が出て来ます。そういう様な模様の出て来た刃物は、非常に温度が高い所から焼入れされたのですから、逆に軟らかになって、更に悪い事にポロ欠けする性質を持って来ます。軟らかで欠けるのです。お煎餅の様な性質になります。だから焼入れで失敗した刃物というものは、どうにも処置のないものです。

焼入れに対する適当の温度と云うものは、大切なものです。鍛冶屋へ行かれまして焼を入れるのに、夜入れるとか、朝早く入れると云ったら、此のメーカーは信頼してよろしいですナ。日光のカン〳〵入る所で焼入れをして居ったら、あ、此の人は駄目だ、こう云う風な判定を下してよろしいのです。鋼の色は、雨の降った日と、お天気のよい日とでは、違って見えるんです。

私共は剃刀を焼入れする時は、光線の全然入らない、真暗な部屋にして焼入れをします。そうしなければ一定の温度をつかめません。でなかったら、窓の硝子にコバルト色の青ガラスをはると、色は一定になります。陸軍の砲兵工廠はそういう風にして、鉄砲の焼入れをしておりました。吾々はそういう設備が出来ないから、暗くするか、朝早くか、夜遅くか、どちらかで焼を入れるんです。

### 焼戻し

焼入れに次いで、焼戻しがあります。あれによって硬さが決まる。非常に硬くしようと思ったら、焼戻しの温度は低い方がよいです。甘切れにしようと思ったら、焼戻しの温度を上げれば良い。刃物の方で八釜しい鉋とか、剃刀では、焼戻しの温度は低いのです。鋸は温度を高くします。火の上で鋸をあぶると、始め黄色から、段々色が変わって、温度が上がるにつれて、紫になり、更に上がると青くなりますので、色によって温度が判定されます。

而るに鉋や鑿は、色がつく程に焼戻しをやると、甘くなり過ぎて、落第になります。それをどうして鑑定するか。亡くなった初代永桶永弘は、鉋を火の上であぶり乍ら、口に水をふくんでおいて、鉋の上へプッと少量の水を落ちします。水玉がコロ〳〵と動いてゆきます。温度が高い程、水玉ははね上がります。温度が低いとはね上がりは少ない。それによって、摂氏百八十度か二百度かを、判定したものです。

今は大した事はありません。鍋の中に油を入れ、寒暖計を使えば、何度であるかが判りますから、そこへ十分なら十分入れておけば良いでしょう。簡単なものです。そこ迄科学が進んで来ました。焼戻しは大した事がないのです。

### 硬度検査

焼戻しによって最後の硬さが決まりますから、出来上がった刃物は、硬さを調べなければ、信頼出来ないものです。硬さを測るにはダイヤモンドの針で、圧しつけて見たり、鋼の玉を落として、はね上がる高さを見たりします。併し刺身庖丁の様な薄いものを、不適当な硬度計で計ると、裏へつき抜けて了います。ステンレスの庖丁の刃先を調べようといって、ロックウエルの硬度計で計ると、裏側まで突き抜け、時にはピーンといって割れる事もあります。その場合はマイクロビッカース硬度計、一台で四十万円もするものを持って来て計ります。鋸はショーアの硬度計で計ります。鑿と鉋はロックウエルの硬度計で測定出来ます。品物の厚い薄いによって、硬度計を使い分けねばなりません。

## 刃物の鑑定法

硬さの判らないものを、皆様は肉眼で見て判った様な顔をして販売をして居られます。一体肉眼で眺めて刃物の硬さや、分子の大小、長切れするかしないかが判りますか。

私共は剃刀を造り始めて十五年経っています。出来上がったものを研ぎ上げて肉眼で見ましても、絶対に区別がつきません。判らんのです。造った本人が判らんのです。金物問屋の番頭さん達が、判った様な顔をして見ておられますが、あれは本当は判らんのです。

唯ね、長年売って見たが、お小言がない。使った人が褒める。返品がない。これだけの反応で売っているのです。見て判るのは体裁と研磨と凸凹だけなんです。狂って居るか、居ないかは見えますが、大事な鋼の本質と云うものは全然わからない。全然判らんという事を、皆様に知って戴き度いんです。判った様な顔つきをしてね、批評したり、売ったり、買ったりするから、間違って了います。

刃物を鑑定するためには、どうしても顕微鏡によって、分子を調べ、鋼の方は使っている鍛冶屋の所へ行ってよく話を聞き、硬さは硬度計で計る。然る後に体裁を調べ、狂いを探します。狂いが判るという事も重要ですヨ。それはそれとして研究して貰いたい。そうすれば、良い物と悪い物がハッキリと区別する事が出来るようになります。科学を利用して貰いたいのです。

## 外国雑誌で勉強

そのためにも今迄よりは、少し勉強しなけりゃならん。勉強の方法と云うものは、色々御座います。その中で外国の金物雑誌をとって読んで見る方法があります。是はアメリカ、オーストラリア（濠州）、それからイギリス、最後の本はドイツです。こう云う雑誌を取る様に勧めましたら、仲間が二十二、三人集まって、之を回覧している人達が出ました。五年程前から始めて、今日迄に全部で四百六十八冊溜りました。イギリスの雑誌は一週間に一遍ずつ送って来ますので、一ケ月に四冊、一年に五十二冊送って来ます。バケツがあり、鑿があり、鉋があり、何でもあります。英語は読めないと云う人もありますが、写真だけでよいのです。大事な所は高等学校の先生に頼んで、翻訳して貰えばよいでしょう。苦労は要らん。写真だけ御覧になればよいのです。

この団体の名前はフォーマス（FOMAS）、外国雑誌会（Foreighn《フォーレン》 Magazine《マガジン》 Soceity《ソサイティー》）の頭文字をとって「フォーマス」と云っています。フォーマスで読み終えたものを本会の幹部の方が借り出されて全会員に巡回させたらどうでしょうか。居ながらにして、英国とアメリカとドイツ、オーストラリアの金物界が見られる。非常によい物ですヨ。こう云う風にして、広く知識を世界に求めねばならんのではないか。

右の様に、外国の金物雑誌を調べる事を知ったのは、昭和二十六年でした。兵庫県の三木へ行きました所、此の処の金物屋の若主人が集まってハードウェア倶楽部というものを作って、外国雑誌を取寄せて回覧しているのです。ガクンと来ましたナー。今から十五年前ですヨ。三木の連中は之を取って居るのです。三条との差は十年なんです。呆れ返っちゃったナ。段々調べたら三木の人々は、ドイツの雑誌は取っていない。オーストラリアの物も取っていない。その点では三条の方が進歩している。こういう外国の物を調べたいと思いましたのは、次の様な話から出たのです。

印度のカルカッタに駐在していた、日立製作所の方に、藁切用の刃物を、五十万組見積って呉れとの引合いが来たのです。形と大きさは扇子の紙の部分だけと似たものです。五十万組、二枚で一組なんですヨ。百万枚です。三ケ月で納めて呉れ。三条の人が、何とか造りたいものだ、総額で億単位なら、一枚百円なら一億円、二百円なら二億円、何とかやって見たいと、工場の設計図を書いて見たけれども、品物を納めた後、追加註文が来るか来ないか判らん。何も来なければ、火事場の跡みたいの物だ。忽ち破産でしょう。遂に涙を呑んで之を止めたんです。所がこの註文がドイツへ行った。三ケ月でポンと百万枚納まって了った。残念でしてね。外国の事が知り度くなって、雑誌の講読になった訳です。

ドイツのヘンケル工場では、工員三千人です。本社は鉄筋コンクリートの五階建です。ゾーリンゲン駅の裏にある、自分の所で鋼を造って居ります。カタログ呉れといってやっても呉れません。考えましてボンにある日本大使館に頼んで、どうかヘンケルのカタログを取って送って呉れといってやりました。流石に日本大使館から頼まれたものですから、ヘンケルは呉れました。見るとあらゆる刃物を造っている事が判りました。

ゾーリンゲンの人口は十四万です。三条市の二倍あります。此の市から輸出される刃物は全部、何処の会社で造ってもゾーリンゲンという、マークを入れるんです。日本人は之を英語読みにしてゾリンゲンと読みます。終いにはゾリンゲンと云う会社があると思っておるんです。会社じゃなくて、都市の名前なんです。若し三条の製品に全部如何なる品物でも、登録商標の他に、「三条」というマークをうったら、終いに日本人は三条という金物を、頭の中へ深く刻み込んで了うでしょうな。余程でかい会社だと思うでしょう。ドイツはそうやって、全世界の人にゾーリンゲンの名を知らせています。驚いたね、此の統制のうまいのに。ヘンケルの次に大きいのは、ハーダーという会社で、工員八百人位です。あとは段々下がって来て、八割は十人以下の小工場が多いのです。甚だしいのは一人か二人、三条と同じ位の工場です。

唯面白いのは夜学の職人学校というのがあって、その学校を二年で卒業すると、給料が少し上がります。次にそれより程度の高い高等科の学級があって、こゝを二年やると、又給料が上がります。その上に大学課程があって、二年で卒業すると、更に俸給が上がります。この様に夜学で何年も何年もあらゆる技術を勉強させて、段々と月給が上がります。その代わり長いこと苦労しなければならない。そう云う職人学校の組織が、羨ましい程完備しておるのです。だから勉強する人は、ドン〳〵知識が増して来るから、賃銀が上がる。

此のゾーリンゲンへ、日本のＮＨＫが行き、テレビで写したんです。そうしたらね、自動研磨機をズラリと並べている、ハーダー会社の写真は出て来ません。鋼を精錬しているヘンケルの工場も、出て来ませんでした。出て来たのは一人か二人でやっている見るもみすぼらしい工場ばかりなんです。アレを見た日本人は、ゾーリンゲンなんて云ったって、幼稚なものだと思ったでしょう。敵の策戦美事なものです。日本のＮＨＫを断わる訳にはゆかず、併し乍ら工場の秘密は見せたくないという訳で、一番みじめな工場だけを案内したのです。みじめなものを写したから、日本人はそれを見て、ゾーリンゲンを軽蔑しました。所が行って来た人は、

「イヤー、此の工場の隣では、自動研磨機をズラリと並べて、ガーガーとやっている。そこは見せないんだ。」

敵ながら誠に天晴れな策戦だと思って、感服した訳です。

こう云う様に、簡単に、早口で、沢山並べて来ましたけれども要するに、吾々の三条で世界一の物を造る為に、もう少し勉強しなければならんと思います。特に最近は勉強というものが足りなくなったと思われます。其の結果、刃物をやる人が少なくなった。又、刃物鍛冶の方も悪いんですね。大量生産をやると必ず品物が落ちて了う。それで一人か二人で造っている為、皆様がちょっと大きな註文を取って来ると、催促に催促を重ねなければならない。刃物なんてうるさい物は止めようじゃないか、という事になって了います。其の中に大阪や東京の問屋が帽子だの、手袋だのを持って来て売り込む。金物屋が塩化ビニールを取扱い始めて、産地問屋の形が、集散地問屋になりつゝある。越前の武生がそうなりました。三条と三木に圧迫されて、武生の鍛冶屋が減って、もう百軒あるかなしです。三条の物と、三木の物を買って、越前の庖丁だ鎌だと云って売っている人です。三条も此の儘で行ったら、東京と大阪の製品を取扱うセールスマンになって了うでしょう。

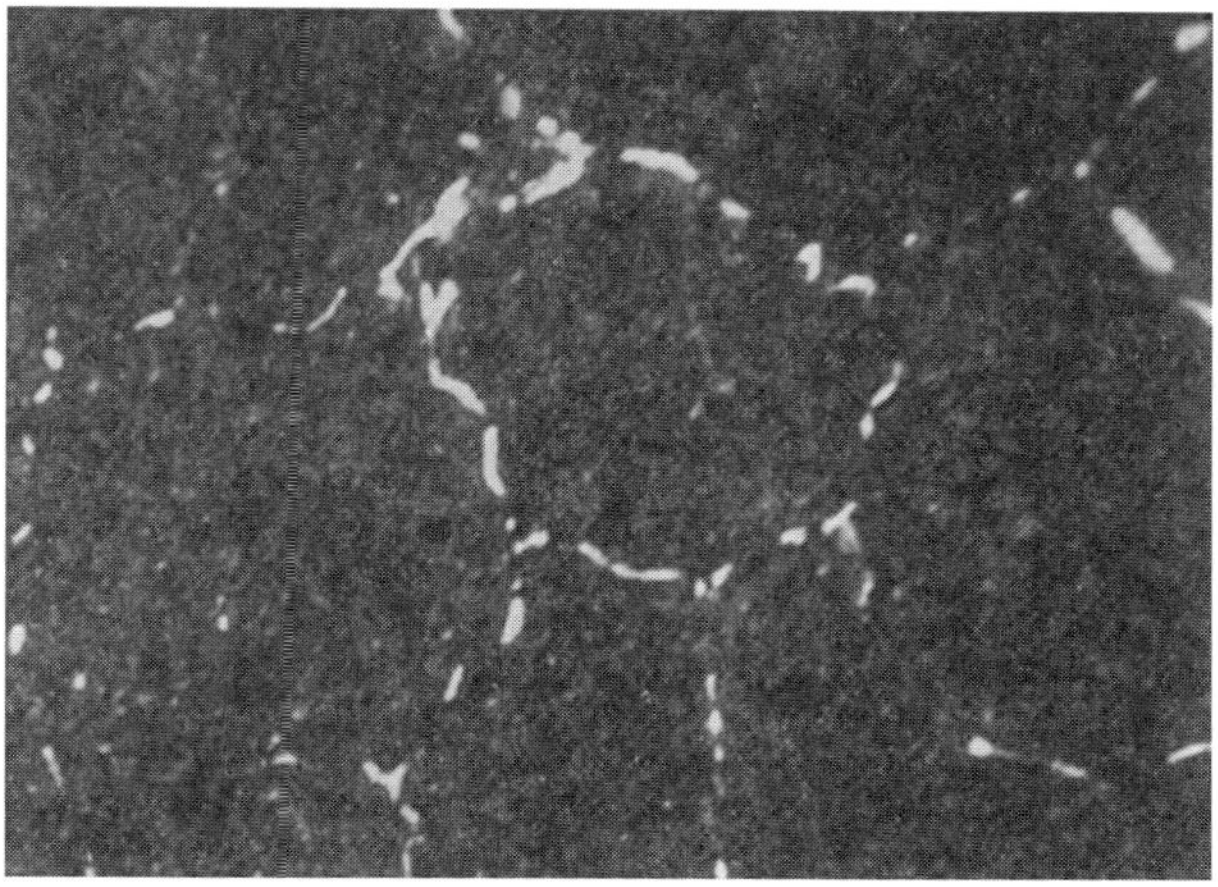

第１図　(800倍) 網状の切れかかったセメンタイト (不良)

産地問屋である事は、大きな利益をとる近道でないかと、私は考えております。造る方の人達は、機械化による大量生産をやっても、品質が落ちない様に、皆で研究をして、そうして進んでいくなら、良いものが出来ましょう。そうすれば遂には、インドの藁切庖丁百万枚だって悠々と、註文を取る事が出来るでしょう。どうか三条の産業の将来を考えて、又、皆様御自身の資本の増加を考えて、要するに勉強、努力によって、研究をする。これが一番金儲けの近道だと思います。私はそれを皆様に申し上げたかったのです。自分が実現し得なかった夢を、皆様の御努力によって、世界一の刃物の産地に築き上げて欲しい。

続いて、スライドを写します。

第1図の様な模様が、青紙とか白紙の一号を使うと出て来るのです。此の白い奴が一番硬いのですね。地の方は炭素が〇・九%です。白い所は炭素が六・七%になります。ウンと硬いんです。その硬い物をこんな風に続けておいたら、刃先へ来るとポロリと欠けます。硬くて脆いというのは、こう云う分子にした時に出て来ます。火造りを上手にやると、細かになって来るものなんです。

第2図の様になって居るものを、粒状、粒の状態になったと云います。此の様な細かさに切って了うと、非常に長切れするんです。此の様になった物なら、安心して買ってよいのです。こうなった物に対して、大工さんが文句を云って来た

ら必ず大工の方の手落ちによるものです。絶対に取替える必要はない。唯仕上げ直しをしてやるなり、欠けを研いでやるなりして、もう一遍使って御覧なさいと云って、返してよろしいです。

こんなに細かな分子にしましても、焼入れ温度が高過ぎると、白い粒がバカッと消えて、第3図の様に南天の葉に似た模様が出て来ます。金属学の言葉でマルテンサイトと申します。マルテンという学者が見つけたので、発見者の名誉を伝える為に、此の名が生まれたのです。此の様な模様になって来ると、刃物は軟らかで、且つ脆

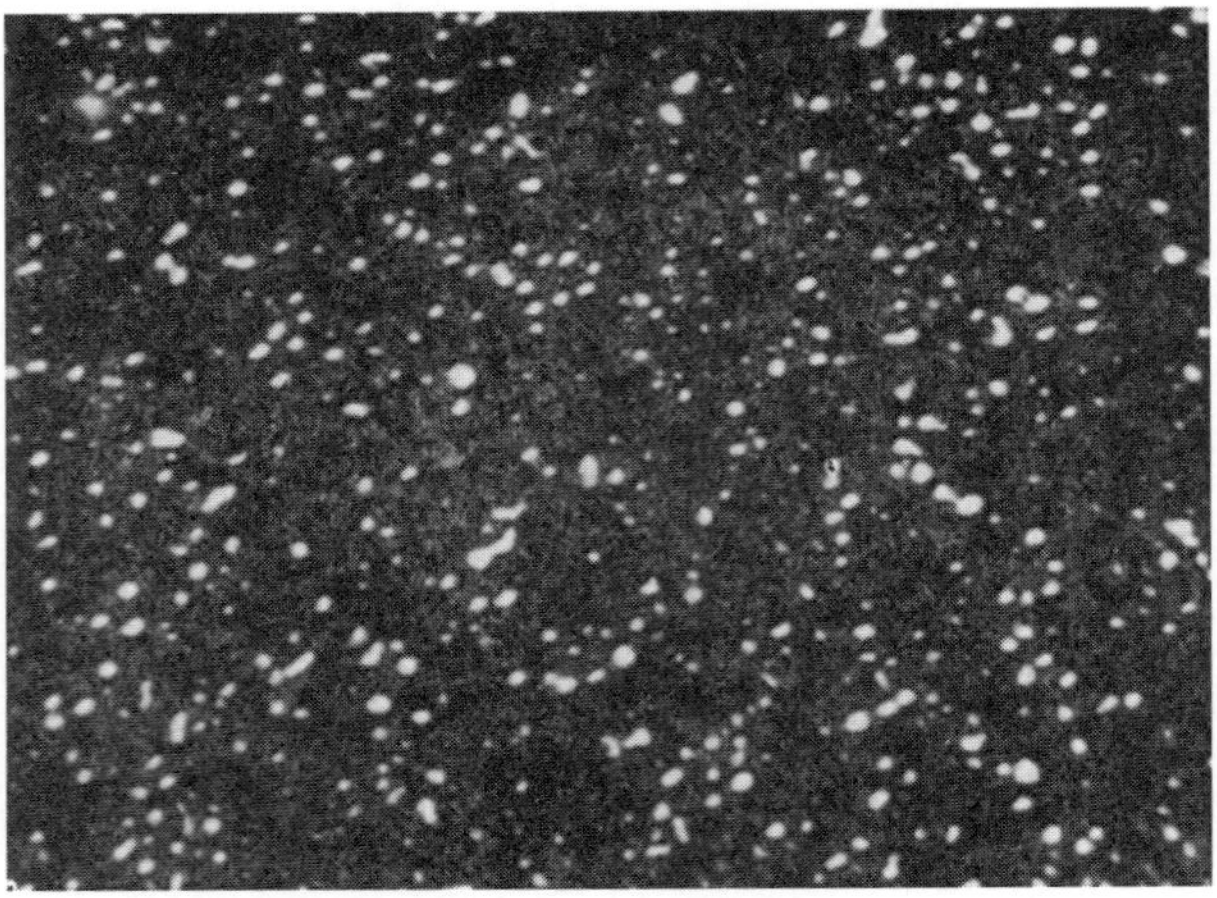

第２図　(800倍) 細かく平均に分布した良い状態のセメンタイト (大変良好)

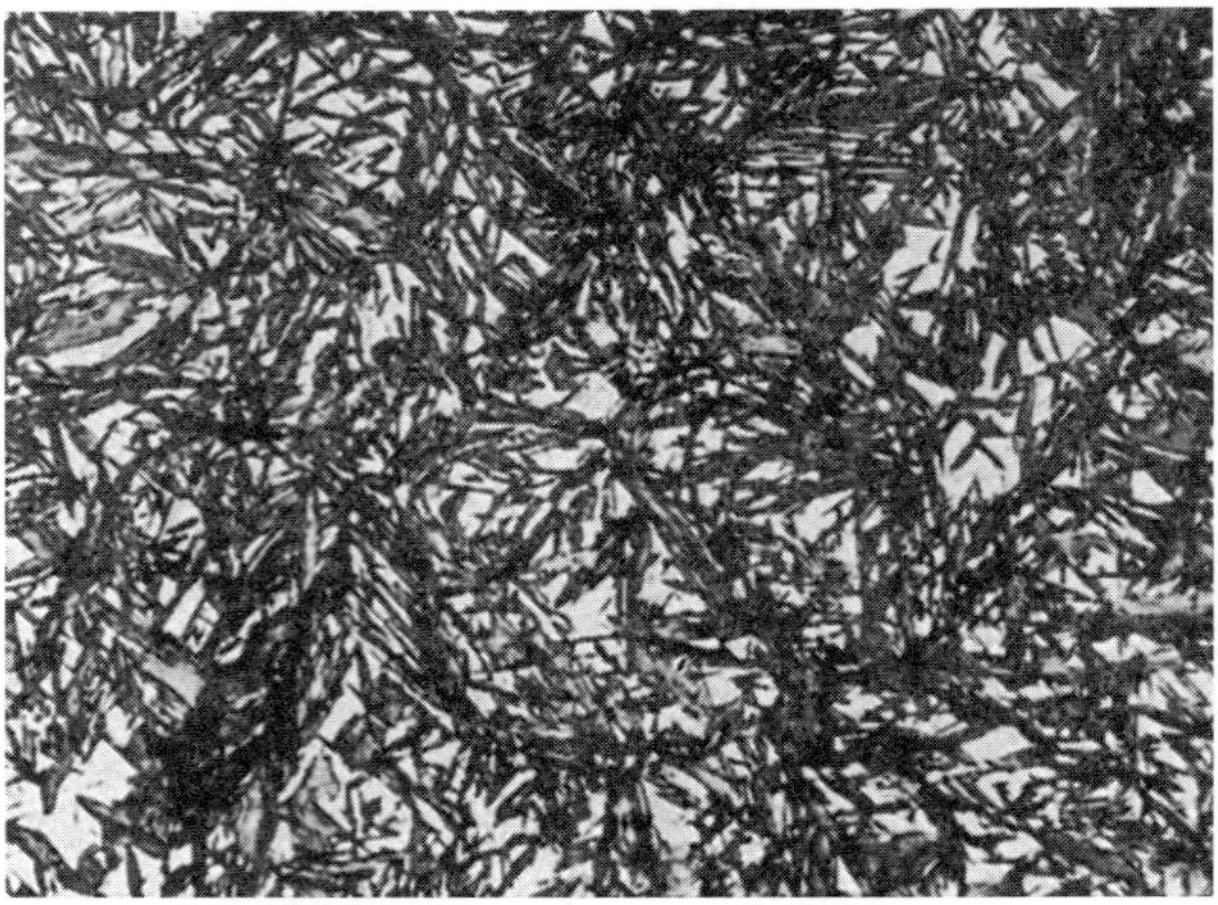

第３図　(800倍) 焼入れで温度 (赤味) が高過ぎた時に出るマルテンサイト (不良)

いのです。大工さんはこういう鉋を、甘いと云うものですから、刃物鍛冶は焼入れ温度を更に高くするのです。高くすればする程此の南天の葉が大きくなって、益々切れなくなって来ます。だからこういう模様が、顕微鏡に現われたなら、皆様は鍛冶屋さんに、是は焼入れ温度が高過ぎたぞと、一言云って下さるのがよいのです。是は焼入れ直しをしなければ、どんなに戻しても軟らかになるだけで、脆さは変わりません。こういう物は不良品と云います。

何か御質問がありましたなら一つ。

**問**　スエーデンの鋼と、日本の鋼を比べると、日本の方は硫黄が多いと聞いていますが事実でしょうか。

**答**　硫黄は鋼を脆くする性質があります。スエーデンの鋼は、硫黄が非常に少ないのです。原料の鉄鋼石の硫黄分が初めから少ないからです。日本の砂鉄は硫黄が少ない。其の点ではスエーデンの原料と、日本の安来鋼の原料である島根県の砂鉄とは同じなんです。併し鋼の熔かし方がスエーデンと日本では違っております。

**問**　鋼の球状化は、鋼つけの所で決まるのですか。

**答**　球状になりますのは、焼入れの時でなくて、火造りの時なんです。火造りで鋼つけをしまして、鋼つけする時は、白くなる程温度が上がります。摂氏千二百度位と云われています。鋼を着けてから、形を造って行く時、温度を段々下げて来ると、次第々々に玉に近づいて来ます。一遍にパッと行くのではありません。第一回目は荒いですよ。二番目の赤めで、少し温度を下げ、丁寧に叩くと半分砕けて来ます。三回目で残りが砕けて来ます。火造りの時に時間をかけると、球状になる。時間をかけずに短時間で火造りを終らせると、球状になりません。私はこゝの作業を、鍛錬の秘伝と云って居るのです。此の球状化は薄物と厚物では、やり方が少し違います。鋼の冷め方が違うでしょう。摂氏何度にするかは、品物によって変わるのです。唐傘屋小刀なんていうものは、薄いですから、それと鉋では、赤め方、叩き方を違えなければなりません。それは各メーカーが会得して、持って居る様で御座います。その後で藁灰の中で十分に焼なましをかけるのです。

**問**　刃物の分子の顕微鏡写真をのせた本はありますか。

**答**　刃物に関してそう云う本は御座いませんが、写真を引伸ばした物なら、吾々の所で可成り色々の種類のものを持って居りますので、御所望があれば、御註文下されば、実費で、おわけ致します。本は御座いませんナ。刃物の本は一冊もありません。日本中に。模様を並べた本はあるけれども、今申し上げた様な事を、整然と並べて呉れたものは無い訳です。

**問**　砥ぎで刃物の善悪を決定するのは砥ぎ上げた刃物の色で見ますか。

**答**　一定の砥石に当て丶研いで見ると、少し判ります。熟練によって研いで見る人は判るのです。鋼が変りますと、例えばステンレスと炭素鋼では、砥当たりが全然違いますので、判りにくいものです。同じ鋼を持って来て、研いで見ると、硬い物と軟らかい物は区別をつける事が出来ます。同じ砥石なら色で判ります。鋼が変ると駄目なんです。安来の白紙と青紙では判りません。白紙は青紙より砥石にかけると早く研げる本質を持っています。これを知らないと、研ぎ難い青紙の方を硬いと思うのです。同じ硬さのものでもそういう差があります。砥石が変わると正確でありません。本当に熟練した人が、一定の鋼で出来た刃物を、一つの砥石にかけて見れば、判るものです。それすらも正確でありません。鋼の分子が網の形になって居るか、粒状になって居るか等という事は、研いだだけでは全く判らないものです。

研ぎ上げた鋼の色は、研磨する材料によって違うものです。青粉（酸化クロム）で磨くと黒光りしますし、白い酸化アルミニウムで磨くと、どうも白っぽけて来ます。そういう駅で研磨剤を一定にすれば、或程度判るけれども正確にはわかりません。

**問**　刃物の硬さは砥ぎ上げた色で分かりますか。

答　研磨剤によって色が皆違うもんだから、どうにも、硬さは、色では判りません。刃物を使っている人は、黒光りするのがよいと云います。そんなら青粉（酸化クロム）で色を出すと黒くなると答えたくなるのです。研磨剤が違うと、色が変わって来る。色では硬さが判らない。結局硬度計で計って下さいと申し上げたいのです。

問　刃物の良し悪しは色で分かりませんか。

答　ハイ。絶対に判らんのです。色でも判らん。利口な鍛冶屋は、研磨剤を換えて、お客さんの気に入った色を出すから、誤摩化されて了うのです。

問　日本刀は色で判別するのではないですか。

答　日本刀でも色ではハッキリした事は分かりません。ただ「ぬぐい」というもので、あの凄い色を出しますと、あの色で誤魔化されることもあります。

問　どなたがメーカーとして優秀か、名前を挙げて貰えませんか。

答　公開の席では難しいが、コッソリ御訪ね下されば此の人は大したものですとか、ここはまだ修業中ですという事は私共に判っておりますから申し上げます。

問　眼で刃物を見分けられる人も居るのではないですか。

答　いますね。併し、判っている人が一割、判らん方が九割、そう思ってよろしい様ですね。併し沢山見て居られる貴方の様な御年配の方には、売った結果が判るでしょう。アレが大した貴重な物ですヨ。お小言の来ないのは、良いに決まっておるんですヨ。評判の良いのは、いいに決まっております。使った人が批評して下さいますからね。それを集計して持っておられるからね。アノ金物屋の年をとった御主人と云うものは、コレは大した熟練者です。刃物に対しては。しかし新品を五枚程並べて善悪を判定して貰うと、ピタリとは当たらない事がありまます。永年扱っている物に対しては此の人が一番詳しい。御客様のお小言や、金物屋の希望を知っておられます。ソレは恐るべきものだと思います。併し百発百中でなくて、中には見落としもあるのです。科学的な研究は、見落としが決してなく、完全ですから、皆様に経験の他に科学的な研究をお奨めする次第です。

（昭和四十一年七月四日、三条金物青年会主催の講演会〝刃物の見分け方〟より）

# 日本刀と私

## 刀鍛冶を求めて

私の家は新潟県三条市にございまして、有名な刃物の産地で、今でも市内に従業員全部で、一万五千人位あります。工場が約二千軒位あるんです。私の家はそこで代々刃物の問屋をしておった訳なんですが、父親の時、第一次世界大戦の時、欧洲から輸出されていたドイツ品、イギリス品が来なくなったものですから、其の隙に乗じまして、東南アジア、それからアフリカ方面に、刃物と南京錠等を輸出していたんです。

所が第一次世界大戦が済みますとドイツが巻き返しに来まして、特に激しい競争をやりましたのはインド市場なんですが、結局大正十一年に、三条の方のナイフは全滅して了ったんです。其の時父親は残念乍ら財産が左前になりました。

私は丁度その大正十一年の三月に、旧制新潟高等学校を卒業しまして、三条の家へ入って、兄と一緒に父を助けたのです。併し私は三条の工業、特に刃物と云うものを見まして、此の儘では絶対にドイツには勝てない。狙いは日本刀にある。それは我国には六百五十年程前に、五郎入道正宗という名工を出したのを始めとして、江戸時代の中頃には長曽弥《ながそね》の虎徹《こてつ》、末期では山浦清麿《きよまろ》と云う様な人々が出て、世界一の刃物である日本刀を造ったんです。此の切味が万邦無比だと云う様な事は、外国人も日本人も等しく認めている所なんです。

此の日本刀の秘伝を調査して、それを応用して、ナイフ、剃刀、小刀《こがたな》、鋏類を造れば、ドイツの刃物の如きは、何の事かあると、茲で一つ父親の仇討ちをしてやろうと云う決心をしまして、当時年齢は十九歳と三ケ月でした。鎮守八幡宮に参拝しまして、三十年の計画で此の研究を完成させるから、どうか一つお守り願いたいと、そう云う願をかけました。

最初私は鎌倉へ行きまして、永野才二と云う先生に従って、日本刀の研ぎを学びました。研ぎ方を先にやったのです。それから正宗二十三代の山村綱広《つなひろ》と云う方がおられましたので、そこを屢訪ねて、御話を伺いましたが、まだ入門すると云う所までは行かなかったんです。そこで私は考えまして、これは唯刀鍛冶の所へ行っただけでは話にならんと、これは矢張り学問というものを基礎にしなければならんと、そこで私は、旧制新潟高等学校の文科乙類の第一回卒業生ですが、今の東大の文学部国史学科へ入って、日本刀の秘伝書である古文書を読む学問を学ばねばならん、そう考えたのです。

運の良い事に、鎌倉の傍に逗子という町があります。其の処に私立逗子開成中学と云うのがあり、其の校長さんが岡田三善《みよし》という海軍少将で、旅順閉塞隊の広瀬武夫の親友でした。其の校長が変わり者でして、自分を此の学校の先生に傭って呉れと申し出たんです。そうして結局傭われまして、三日間中学の先生をするんです。三日間は大学へ通うんです。今と違って出席を取らないんです。試験さえ通ればよろしいんです。今の人には三日中学の先生をして、三日大学へ通うと云う様な、両棲動物の生活は出来ない訳です。そうやって目出度く三年で国史学科を卒業しました。それから今度は、日本刀の製法と云う物は科学的に研究せねばならん、現代科学でやれば、五郎正宗の刀なぞは直く出来るだろうという訳で、今度は工学部冶金科へ入ろうとしたんです。

所がドッコイ駄目なんですね、高等学校の理科を卒業した人と一緒に、入学試験を受けろというんです。巳むを得ませんので、微分、積分、物理、化学などを独学でやらざるを得ないんです。源頼朝だの、楠正成を相手にしていた奴がね、今度は微分だの積分等ですから、辛かったです。併し何年かやった結果、入学試験を突破しまして、工学部の学生になって三年の時の卒業論文は、「日本刀の鍛法」と云うのを出したんです。それから大学院で五年勉強しました。結局学生生活が東大だけで十一ケ年、三十六歳まで金釦をはめて通ったのです。其の時結婚していまして、女房子供がおりました。其の後副手という役職にして貰って、数ケ年東大で研究しました。昭和二十年に三条へ戻って来た訳です。そうして今度は三条で刃物を造る研究をしたのです。

其の間に、私は全国の刀鍛冶を捜索しまして、一体刀鍛冶は全国で何人残っているか、どんなウデを持っているか、それと刀鍛冶の子孫というものが、どれだけあるんだろう、その子孫の家に、どんな秘伝書が残っているんだろう、こう云うのを文学部に在学中から、捜索し続けていたのです。今日も尚続けているのです。昨年発見された秘伝書があります。それは新潟の鍋茶屋の跡継ぎの方が、高田市で見つけて来て呉れた秘伝書です。是は全国で五十三番目の秘伝書なんです。そんな事でどこから、いつ現われるか判らんので、調査の目はゆるめる訳には行かんのです。そうやって刀鍛冶の家に伝わっている秘伝と、秘伝書に書いてある秘伝と、是に工学部冶金科で学んだ鋼の知識を加えて、やれば、天下の名刀が出来るだろうと、此の予定を一歩々々進んで来まして、遂に昭和二十六年、八幡宮に約束した予定の満三十年が来ました。

そこで通産省に研究補助金助成をお願いしまして、其のお金を貰って翌昭和二十七年、三条で工場を造って、愈々日本刀を利用した刃物の製造に入った訳です。

私はね、最初に、刀鍛冶捜索の手をつけましたのは、当時九段の靖国神社の中にあった中央刀剣会に行きまして、現在行き残って刀を造っておる刀鍛冶は誰と誰ですかときいて、其の住所を調べ、早速本人を訪問したのです。それを終わってから、宮内省へ出かけて行き、御大典の砌、御祝いに刀を献上した刀鍛冶がいるんです。大体御大典の際には、一般国民からの献上品は、宮内省は受けないのです。

ただ例外として刀鍛冶が、自分で造った刀だけは、嘉納すると云う習慣があるのです。それだけ宮中に於いては、刀鍛冶と云う者は別格の取扱いなんです。それで誰と誰が献上したかと云う事が、直ぐ判るんです。十何名かおりました。

其の中の一人に熊本に延寿《えんじゅ》太郎宣繁《のぶしげ》と云う人が書いてあるんです。それで熊本へ訪ねて行った所が、村へ行きましても判りません。それで村役場へ行って村長さんに会って、

「実は此の村に、延寿太郎宣繁と云う刀を造る名人が居るが、家が判りません、どこでしょうか。」

ときくと、村長は、

「サー、えんじゅ太郎のぶしげ、きいた事が無いナ。」

と答えると、傍に居た小使さんが、

「村長さん、役場の隣で、鍛冶屋をやっているあれがその刀鍛冶なんです。」

と云うのです。

喜んで其の処へ行って見ると、藁で作った屋根、それに藁で作った壁なんです。火が点けば燃えて了います。そんな小屋で延寿太郎宣繁という、七十歳の老人が十文字槍を造っているのです。いやビックリしました。当時、十文字槍の製法は断絶したと思っていたのです。有名な加藤清正の朝鮮征伐の時の虎退治の話があるでしょう。あれが十文字槍です。槍術の方に宝蔵院《ほうぞういんりゅう》流の十文字槍があります。

私はその使い方を水戸の池原と云う先生の所で学びまして、聯か宝蔵院流の槍を使うんです。勿論試合などした事はありません。刀なんて云う物は、広場では之に掛ったら一コロです。問題になりません。ですから賤《しず》が岳《たけ》の七本槍と云う事はあるが、七本刀と云う事はありません。先頭切って敵陣へ飛び込んで行くのは、槍に限るんです。だから一番槍と言うんです。だけど今の大衆小説家は槍よりも刀の方が強くて、槍のケラ首切って落したなどと云うんだが、切れる物ではないんです。本当はね。大衆小説家と云うものは実戦を知りません。だから

こんな事を云うのも無理は無いんです。

延寿太郎宣繁先生を訪ねて、私は、

「貴方はどう云う積りで、宮内省へ刀を献上したのですか。」と訊いたらね、

「私は一生涯かかっても、天皇陛下のお傍へ行く事は出来ません。私の身代わりに自分の鍛えた刀を献上したんです。」

「うち見た所、御弟子さんがおらない様ですがどう云う訳で弟子はおらんのですか。」

「御承知の様に今刀を造ると、一本も売れません、従って平素、私は医療用の刃物を造っておるんですが、御医者様の刃物を造って、儲けた金で刀を造ります。造れば貯金がゼロになる、そうすれば貧乏する。そう云う貧乏な生活を私の弟子にさせたくないのです。それで弟子はとりません。」

「それじゃ先生、貴方の十文字槍の製法を始めとして、延寿太郎宣繁の秘伝は、断絶します。」

と云いましたら、沈痛な顔をして、

「エー、その絶えるのが誠に惜しいと思う。」

「それじゃ、私は大学の学生なんです。こうやって来たのですから、私に秘伝を教えて呉れませんか。」

と頼んだ所、喜んで、

「よう来て呉れた、それじゃこれから全部の秘伝を教えるから、帳面を出してお書きなさい。」

感激しまして、私はその話をドンドン速記したのです。日の暮れるのを知らずと云うんでしょう。そうしたら、わきの方に九十いくつのお父さんが病気で寝ているんです。私はそれを見て、帰りにね考えたんです。

此の十文字槍の秘伝を唯一人知っていて、日本の伝統を守り続けている人が、九十いくつのお父さんを病気にして、自分は壁もない鍛冶場で刃物を造っている。何とか此の人を助けねばならない。どうすればよいかと、色

色方法を考えて、バスの中で思わずポロポロと涙を流して事を覚えております。

　そうして一つの文章を書いて、「福岡日日新聞」へ投書したのです。出ましてね、それは、「こう云う延寿太郎という名工がまさに埋れようとしている。此の伝統を守る誰かがね、広い九州の中にいないか。そうして此の秘伝を守って欲しい。」

と書きましたらね、熊本市の傍に八代《やつしろ》という町があります。八代町の外に宮地という村があります。此の処に盛《もり》高靖博《たかやすひろ》と云う青年の鍛冶屋がおりまして、此の人が名乗り出たんです。

　此の家は、「太平記」にも出て来るんですが、菊池武光《たけみつ》などと一緒に、筑後川の戦いで、足利尊氏の軍勢と一戦を交えた刀鍛冶の、金剛兵衛盛高《こんごうひょうえもりたか》の末孫なんです。家系として約六百五十年続いているんです。それで子孫は、金剛兵衛盛高の盛高を姓にしまして、今は盛高靖博と云うんです。金持でして、普通の刃物を造っている家なんですが、これが延寿太郎宣繁を訪ねて、「先生、私の家へ来て鍛法を教えて下さい。藁の壁じゃ、とても火が点いてダメです。」

　それで自分の家へ老先生を迎えて、自分の家の弟子を集めて、非常な待遇をして師弟の盃を交わしまして、今では盛高家に十文字槍の伝統が残っております。

　そうですな、私が大学の文学部の三年頃ですから、ハッキリしませんが、それでも三十年位前ですか、そんなですね。

### 刀鍛冶の伝統

　当時昭和の初期に刀を造って商売になった刀鍛冶は、三人しかおりませんでした。一人は宮内省の御用掛かりだった大阪の月山貞勝《がっさんさだかつ》、二人目は東京に住んでおって、大正天皇様の御即位記念に刀を献上した笠間繁継《かさましげつぐ》、三人目は、北海道の室蘭《むろらん》市の日本製鋼所で刀を造って居りました堀井俊秀《ほりいとしひで》、此の三人だけは刀を造って生活が出来たんです。あとの人は刀では生活が出来ませんでした。

其の中でも広島県の福山市本庄町に小林宗光《むねみつ》と云う名人がおりました。師匠は桜井正次《まさつぐ》と云う方でしたが、正次さんは十二人弟子が居たが、此の人一人だけ物になったといわれていた。宗光は平素は池の坊の生花鋏を造っていました。お金が溜ると原料の炭と鋼を買って刀を造っていた（お金を）全部無くするんです。或日奥さんがね、

「そんな事をしていたら、一生涯貧乏する。」と小言を云ったら、

「私の所へ嫁に来ていて、刀を造るのに文句を云うんなら、直ぐ離縁して呉れ。以後一生涯、日本刀を造るのに対して、小言を云うてはならん。」

という約束を交わして、依然として溜めては刀を造り、溜めては刀を造って居りました。売れないんです。而も小林宗光は、変わっている人で、展覧会に一切出さない。名を求めず、利を求めず、貧乏に平然としていたという、これは名人でした。その精神状態から云ってもね。堂々たる人物でした。流石に桜井正次の一番弟子だけあって、見事なものでした。

刀鍛冶の伝統というものは、今日迄少なくとも一千年は伝わっております。最古の家柄では八百五十年伝わっております。これは九州福岡市に守次《もりつぐ》という刀匠がおります。備前の国から八百五十年前に、守次とい刀鍛冶が、九州へ移ったのです。刀匠の名前を苗字にしております。

此の他東の方では五郎正宗の家は六百五十年位伝わっておりますが、西では前に申しました盛高靖博の家が金剛兵衛盛高の末孫としてある様に、弟子筋と云いますか、子孫と云いますか、頑固に我が道を守るものです。

平素は鉈とか鎌とか、小刀等を造っているんです。お金が出来ると、貧乏などは意に介せずと云うんですかな、刀を造るんです。一般の鍛冶屋の中から、刀鍛冶を志願して入って来るのもあります。例えば鯨を切る庖丁を造る人があります。鯨を切るんですから大きなものです。鯨庖丁ではどんな名作を造っても、尽く地上から遂には消えると云うんです。而るに刀を造って、神社に奉納して置けば、百年も二百年も我名は残るのです。金銭を残

す事と名を残す事を比べますと、お金を造って見ると、名を残す方を取るんです。それで刀鍛冶の方に転向して、貧乏になるんです。そう云う生活をしている人が、今でも、五、六十人はおります。此の処に日本と云う国の見えざる底深い伝統と申しますかバックボーンと申しますかね、強いものがあるんです。表面だけを見ると、戦後日本の精神が無くなった様に見えますけれども、其の根底には一千年の伝統を飽くまでも守り抜くと云う、或種の日本人がいるんです。それがマー、刀鍛冶だと、こう云う事になります。私なども大学を出た刀鍛冶ですが、未だ展覧会に出した事もなし、そんな大衆向の日本刀の製法を書いた書物を出版した事もなしに、唯一人、コツコツと我道を、我友と共に歩くと云う、非常に楽しい生活をやっております。

## 刀鍛冶の秘伝㈠

秘伝を何とかして知りたいと思って、刀鍛冶を訪ねると、秘伝を習うどころか、その前に面会謝絶を食わせます。会って呉れないんです。私が大阪の月山貞勝の所へ行った時なんぞは見事な門前払いでした。奥の方で槌の音が聞こえるんですが、姿も見せない。巳むを得ず三年経って再び訪問しましたが、又もや門前払い。ガックリ来まして、東京へ帰って友人の本間順治さんにぐちを言ったら、それじゃ巧い方法を考えてやると云って、伊勢神宮を造った時の造営局の長官に頼んで、私の為に紹介状を書いて呉れました。

其の時月山貞勝は伊勢神宮に奉納する刀を仰せつかっていました。御註文主の紹介状ですから、やっと会って呉れました。

「先生、私は貴方に会うのに、六年かかりました。」

と云ったら、

「いや済まん、私の顔を見たいなんていう物好きが沢山来るんで、それで断るのです。」

こう云って、まあ笑っておられました。

秘伝と云うものは八釜しいもので、第一弟子にして呉れません。入門を頼むなどと云っても、ことわられます。

それで運よく入門を許されたとしても、唯、あの入学試験を受けて通るなんて云うものじゃないんです。

入門に際しましては、神文《しんもん》という物が要ります。

「自分は何々先生に従って、これこれしかじかの鍛法を学ぶ、一生懸命に修行します。一生偽物は造りません。そうして又師匠から教えられた秘伝は、親子たりと雖も他言致すまじく候。万一他言致したる際は、伊勢神宮を初め、鎮守八幡宮の神罰立ちどころに到って、子孫永く断滅仕るべく候もの也。依って神文、件《くだん》の如し。」

なんて読むとブルブルとします。秘伝を喋ったら子孫永く断滅するというんですもの。是は福岡県柳川市の武藤久広《ひさひろ》の家にありました。こうした神文とか誓詞《せいし》と云う物は、沢山あります。

鎌倉市の山村鋼広の家に、熊本の武士が刀鍛冶に入門した時に書いたものがあります。血判をして御座いました。ですから刀鍛冶の秘伝を学ぶと云う事は、今の原子爆弾の製法を盗むか、ミサイルの秘密を盗むが如きものです。本当に隠すものです。では何故隠すのかと云う事を調べて見ました。そうしたら、水心子正秀《すいしんしまさひで》という刀鍛冶の『剣工秘伝誌』に、秘伝を隠す理由を、こう説明しております。

「いやしく惜しみて、伝へざるに非ず。無闇に伝へても弟子の技倆がそこまで到達していない時は、却って修行の妨となるもの也。且つ又師匠から、固く秘伝として伝へられたるものを、軽々しく人に伝うるは、師弟の道に反する者也。」

鮮かに書いてあります。

併しその他に各藩が、武器の秘密を守ったという事は云えるんです。その一つの物語としまして、或刀鍛冶が薩摩の刀鍛冶の弟子になりました。弟子になるには、前の師匠の諒解を得て、前の師匠から、新しい師匠に、自分の門人何の某を頼むとの依頼状が来なければ、絶対に門人にして呉れません。今でもそうです。だから前の師匠にことわらずに、新しい師匠を取る事が出来ない。それで薩摩の刀鍛冶に入門した人は、師匠からも依頼が行きました。

薩摩の国は、言葉を判らなくして置いて、他国人のスパイの入るのを防ぐと共に、刀の製法は薩摩刀とか薩州流というのがあって独特なんですよ。代表は元平《もとひら》なんぞがいるんですが、その製法を学んで帰って来たんです。師匠は喜んでね。

「儂が紹介したんだから、製法を話してくれ。」と云ったら、

「イヤ、薩摩のお師匠さんが、絶対に他の人に聞かせるなと云う約束をさせられたんです。約束をしたからには、昔の師匠であっても、新しい師匠との約束は守らなければなりません。」

秘伝は聞かせないいんです。そう云う程頑固です。只今でも最高の秘伝になりますと、十人弟子がいたとすると、その中から志のある者一人か二人にしか伝えません。越後の西蒲原郡新飯田《にいだ》村に、大家栄家《おおやまさいえ》という人がおりました。焼刃土の調合法は、十八人弟子のいるうちで、唯一人此の人に伝えただけなんです。

「あとの弟子は、土が必要になったら、師匠の所へ貰いに来い、師匠の生きているうちは、只でやる。師匠が死んだら、此の大家栄家が知っているから、そこへ貰いに行け。」

調合法は他の十七人には教えないのです。調合した物だけ、只で呉れるんです。そうすると、一人だけ抜擢された弟子は、師匠の為に一生懸命に働きますし、師匠が年をとった時は、晩年の生活費は全部、その弟子が見るのです。一種の保険ですね。そう云う責任があるんです。現在でも此の伝統は守られております。

これは私が水戸市の勝村正勝師匠から教わったんですが、地ニエと云うものが刀にあるんです。

「地ニエを出すには、どうしますか。」

と聞いたんです。

「竹を虫が食うと、細かい粉が出るだろう。あの粉を焼刃土に混ぜて、焼を入れると、地ニエがつく。」

と教えられました。これは水戸の勝村家唯一軒にしか、秘伝はなかったです。之に対して、九段の靖国神社の鍛刀所では、

「オキシフールを焼刃土に入れて焼入れすると、オキシフールの為に、土に細かい穴があいて、地ニエが出来ますよ。」と倉田海軍大佐が云っていましたけれども、私はまだ両方を比較して見ないんです。オキシフールが良いか、竹を食った虫の粉がいいか、そう云うものも御座います。

焼入れする時加熱した鋼の色ですね、今では温度計で測定しますが、昔はそんなものがありませんので、相州伝の鋼の色を教えるのに『剣工秘伝誌』では、

「夏の夜、山の端より出ずる月の色に焼く可し」

これは千古不変の標準色です。山の端から出る月の色は、あれが相州伝の刀を焼入れする時の、刀の色なんです。温度などは昔の人は知りませんからね。ですから焼を入れる部屋は、まっくらです。大抵夜半に焼を入れるものです。名月の晩は焼入れはダメなんです。況んや昼間なんて云うものは、太陽の光線で、刀の色調が乱れますから、焼入れをやりません。

其の他諸々の秘伝が御座いますが、尽く是れ事実であり、現代の科学に照らし合わせても、成る程巧い事をやったものだと感服して了うものばかりなんです。

それを一人々々の刀鍛冶から、全部学ぼうとするんですから、矢張り弟子入りをして、五年経って一ツ、六年経って二ツ、七年経って三ツと云う具合に、長期抗戦と申しますか、本当に長い年月をかけて、気長に弟子の任務を果たして行くと、何かの時に、ポツリ〳〵と教えて呉れます。面白いものですね。矢張り教えたいんです。残したいのです。但し志なき者に教えると偽物を造り、世間が非常に迷惑するから、よく〳〵人物を見極めないうちは、教えないのです。

新撰組の近藤勇の持っていた、長曽弥の虎徹は、あれは真赤な贋物なんです。近藤勇が虎徹が欲しい、虎徹が欲しいと云うんですが、そう無いでしょう。有名ですから。そこで当時の刀屋が、時の名工山浦清麿に頼んで、今では清麿は虎徹位の値段はするんですが、虎徹の贋物を造らせて、之を納めたんです。だから近藤勇が、愛刀の鞘を撫でて、

「今宵の虎徹は血に餓《う》えている。」

なんてせりふを云っても、それは偽虎徹で、本当の虎徹は血には餓えていないのです。

ああ云う事もあるので偽物を造るのです。ですから米国のボストン博物館や、英国のブリテッシミュージアムでも、そこにある所謂天下の名刀は全部贋物です。本当の名刀は外国へ売られて居りません。刀だけは。浮世絵とか鍔とか目貫《めぬき》などは、それこそ珍品が売れて居るけれども、名刀だけは、例えばボストンにある正宗などは嘘ですな。ロンドンにある三条小鍛冶宗近《むねちか》などは贋物ですね。コロ〱と毛唐人が欺されて買っているんです。

国内でも、そう云う具合に、愛刀家の駆《か》け出しの人は、皆欺されて居る。そういう欺し易い刀ですから、人を欺す様な悪徳の性格を持っている弟子に、秘伝を教えたら、朝から晩迄、秘伝で偽物を造るでしょう。買った人は大変です。売ろうとなったら買値の十分の一でしょう。そういった世間の迷惑を考えるから、刀鍛冶は秘伝というものを隠すんですよ。

「卑しく惜しみて、伝えざるに非ず、世間の迷惑を考ふる故なり。」

で御座います。ですから私などの様に特にこう云う物を深く調べて来た者は、今の様に偽物を造る方法を伝えるというので、特別に秘伝について厳重にしています。併し消滅してはいけないので、北海道の誰、水戸の誰、熊本の誰、越後の誰、それ以外は聞かせない。まあ悴には伝えますけれども、合わせて五人位しか伝えて置きません。ですから自分達の造る所は、テレビで写すとか、映画でやるなんて云う事は、コレ真向からおことわりを致

します。秘伝をやりますから、そんなの公開されたら、インチキ刀鍛冶が、直ぐさま利用するでしょう。偽物は簡単に出来ます。本物を造るには実際吾々がやった様に、四十年の苦心は要るのですが。

それに流派があるでしょう。色々のがあります。例えば佐賀へ行けば、肥前忠吉《ただよし》の秘伝があります。熊本へ行けば、前号で申し上げた様に、延寿太郎宣繁の秘伝があります。薩摩へ行けば薩州元平の秘伝。江戸へ帰って来れば水心子正秀の秘伝、仙台へ行けば奥州国包《くにかね》の秘伝という訳で、一人々々の秘伝を学ぶ事だけでも大変なものです。

それが一千年来の全部の秘伝、八百年前の古備前の秘伝、七百年前の京都粟田口の秘伝、六百五十年前の鎌倉正宗の秘伝となれば、是は現代科学の又奥の方にありますから、それを知るには長い長い年月がかかるでしょう。

その代わり、そんな年数がかかると云えば、お聞きになる皆様は、大変だな——とお考えになりますが、やっている方は面白くて、如何なる道楽よりも楽しいものです。ですから私はまだ後楽園の野球場も、明治神宮の学生野球も、東京に居た学生時代から、今日迄見に行った事がありません。吾々の社会と云うものは趣味が違うんです。

ですから永い年数かかっても、その間は苦心なんぞと云うものではありません。楽しくて楽しくて、一つ〳〵の秘伝を聞くたびに、大収穫を得た様な喜びに満ちて、生活をして来て居ったんです。その代わり物質面は世間様から見れば、可哀相な程清貧なものです。そう云う事は、意に介せずと云うのが、刀鍛冶の伝統ですから、九州小倉の紀政次《まさつぐ》という八十六歳の刀鍛冶が、私に秘伝を教える前に、先ず教えましたのは、

「刀鍛冶は算盤《そろばん》を持ってはならん。」

それでは黙っていても貧乏になります。

学者の中でも、私の師匠の俵国一工学博士は、私の母が御礼に参上したら、

「お母さん岩崎君を貧乏にして置いて下さい。」

母はビックリして、

「何故ですか。」

と聞いたら、

「ああいう難しい研究は、貧乏にして置くと、これでもか、これでもかと云ってね、努力するものです。これが金持になると、楽の方へ行って研究をやめて了います。」

それで私は母に云われて、成る程老先生の云われたことは尤もなりと思って、此の御言葉だけは固く守って、今尚金持になりません。金持になれば人間はイージーゴーイングで、容易の方へ行きますヨ。遊びの方へ。遊びの方なら、一生涯掛っても遊び切れない程の、設備はありましょう。それを見破って、俵先生は、日本刀研究の後継ぎはこの男だと思って、研究の秘伝を母に伝えたんですナ。

「貧乏にして置け。」

大変な秘伝です。此の秘伝を、正直に受け取る者は少ないですヨ。金持を希望する人は、駄目なものです。

## 名刀とは何ぞや

皆様が月の出て居る夜の美しさと、即ち月光の奇麗さについては、どなたでも判る様に、又、花の華麗なものと、余り美しくない花は、子供でも直ぐ区別をつけて、美しい花を取りますね、あれと同じ様に、人間には生まれつき美と云うものを鑑別する、本能的な審美眼というものがあります。良い刀と悪い刀を並べますと、先ず一番判る事は、色が違うんです。

悪い刀は穢《きた》ない色でございます。良い刀はまるで真珠か翡翠を見る様な、美事な色で落ち着いていて、何と申しますかな、表現して、深い水の溜った潤を、上から見る様な色なんぞと形容します。ああ云う色をして居ります。名刀でない方の色は、乾いたカサカサの色をして居ります。

五万円の刀と、五百万円の刀を二本並べて、比べさせられると、如何なる素人のお方でも、ピタリと当て、五百万円の形を美しいと云います。それが名刀の一つの見分け方なんです。それが又、造るのにトテツもなく困難なんです。五百万円の刀と同じ艶を出す所の刀を造れと云われると、私は四十二年、未だ苦心が終わっておりません。時々きたない刀が出来たり、十年に一遍位、良いのが出来て、何故美しい鋼が出来たんだろう、なんて首を捻って居ります。

其の次に名刀と鈍刀の区別の判るのは形なんです。鈍刀と云うものは形が悪くて、木刀見たいなものです。

名刀は蘭の葉の垂れた様な、自然の美しい曲線を持って居ります。特に美しい曲線でよだれを流す様な刀は、八百年程前の平安時代の名刀です。これが最も美しい形です。例えば、後鳥羽天皇が、鎌倉鶴が岡八幡宮に奉納された太刀なんて云うものは、一回の合戦にも出ませんから、減ってないでしょう。それが実に美しい曲線なんです。その曲線を何としても真似出来ない。真似がですよ。判らん、どうしたら同じ曲線になるか。誠に不思議ですが、八百年前の平安朝時代の刀が、最高でございます。

それから百年位下って来まして、七百年程前の京都の粟田口の刀が、造るのに面倒です。次に困難なのが同じ時代の、備前長船《おさふね》村の刀、長い船と書いておさふねと読む。多くの人は、長船という刀鍛冶が居ると思っていますが、あれは村の名前なんでして、そこに忠光《ただみつ》、長光《ながみつ》等の名工が居りました。是等長光一派の人々が、鎌倉時代の備前の名人なんです。此の処で造られた刀に大板目の肌が、木材の肌の様に出ています。それが模造出来ないのです。

少し年数が下って、六百五十年程前、鎌倉時代末期から、吉野朝時代にかけて、鎌倉の雪の下に、五郎入道正宗が居ります。此の人のやった焼入れの秘伝が判って居りません。

年数をグット下げて、慶長の初期三百五十年位前に、堀川国広の名刀がありますが、この鍛法が特殊の物で造るのが面倒です。徳川中期には長曽弥虎徹、徳川末期には水心子正秀、幕末に山浦清麿、それから更に年数が下れば、現代昭和年間の名刀です。

昭和年間の名刀と云って威張っても、江戸時代へ持ってゆけば三流位です。平安朝時代へ持って行ったら十流か十一流位で、刀鍛冶の数に入れられないでしょうね。

どうしてそんな差があるかと、皆不思議がるんです。科学の進歩した今日、刀だけは何故古いのがよいのか、と質問があります。私の答はいつも決まっているのです。

「刀に関する科学だけは何も進歩して居ません。進歩しているのは電子計算機だの、ナイロンだの、ミサイルだの、原子爆弾であって、日本刀に関する科学は、進歩どころか時代が下るに従って退歩して、今日が一番衰えて居るんです。だから今の人はもう少し頑張れば、もっと古い所までは到達出来るでしょう。」

即ち科学者が沢山此の方面の研究をすれば、よいのでしょうが、之に関係している私などは、余り優秀でなかったものですから、どうしても鎌倉時代、平安時代の刀の製法が、未だに解決しないんです。今後吾々のあとから出て来る理工学部を卒業した人などが、刀の道へ来たら簡単に解決するかも知れません。

例えば二代目村正の刀を分析して見ますと、マンガンが痕跡、硫黄が零という鋼を、使って居るんです。そう云う鋼を、今の製鋼業者全部の人を集めても、造れないんです。造り得ないですヨ。此の様な純度の高い鋼は、今日の技術では、製造不可能なんです。以て如何に古代の原料が優秀であったか、判るでしょう。従って二代目村正は、六百年位前ですが、その原料たる鋼の造り方が判らない。況んや七百年前の京都粟田口の吉光《よしみつ》等の鋼の造り方も判りません。八百年前の平安朝時代の刀の原料も判って居りません。

判らんからヤミクモに造って居ります。その刀と、古いものを比べると、色が違うと申し上げたのは、鋼の差から来るものなのです。混り気の少ないものの色が美しいのです。純金の色と、混り気のある十八金の色が違う事は、皆様御存知でしょうが、あれと同じ様な事が、刀にも云えるのです。

私共の研究の中心は、一体八百年前はどう云う方法で、鋼を造ったかと云う点にあります。刀を造るもっと前なんです。鋼を造る所でもう絶壁にぶつかってしまったんです。私共の呻って居るのが現状なんです。

### 名刀の切味に挑戦する

名刀はすべて切味がいいから名刀なんです。例えば源氏の髭切膝丸《ひげきりひざまる》は、罪人の首を切った時、ヒゲをも切り、更に膝まで切ったというんです。一切でね。或は、小笠原馬之允《うまのじょう》の持っておった刀は、『承久記』によると、

「馬の平首、フッと切って落し」

と書いてあります。馬の首ですよ、あれを一刀でフッと切って落としたと形容してあります。又、北条高時が新田義貞に攻められた時、家老の長崎勘計由左衛門の持っていた、面影《おもかげ》の太刀なんて云うのは、来太郎国行《らいたろうくにゆき》が、八幡宮に百日間参籠して鍛えたと云うのです。新田義貞の軍勢が稲村が崎から乱入して来ると、其の中へ飛び込んで行って、冑に当れば、冑を切り、鎧に当れば鎧を切って、とうとう一方の血路を開いて、長崎勘計由左衛門は落ち延びたんです。併し面影の太刀はそれ以後、遂に再び世の中へ戻って来ませんでした。凡てどの刀も、全部素晴しい切味を示したというのが、家宝になって残るんです。そう云う家宝は二度と戦場へは出しませんから、刀の幅は広く厚さも厚く、出来たての刀に近い姿をしています。

そうでないものは二回出れば、二回分だけ刀は減るでしょう。刃が欠けるから研ぐと減るのです。三回出れば使えない程、細くなります。細くなった刀は、刀の世界では「痩せた刀」と云うんです。丈夫な太い刀を「健全な刀」と云います。人間の健康の様に見立てます。だから田舎にある名刀で、有名な刀鍛冶の造ったものは、大体痩せた刀です。それが昔の大名の家にあるものとなると、健全な物が残っているんです。

其の他原料の鋼だけでないんです。そこに表われた刃の模様は、何としても真似出来ないんです。真似をして

造ろうと努力するけれども、古代の名刀の方が、賑やかで美しいのです。現在に近づく程、淋しくて穢なくなります。かなわんですね。次に反りが違うんです。使って見れば切味が違う。処置なしですな。何から何まで全部違う。

非道いのは錆の色まで違います。名刀と云われるものは、真黒に近い色錆が出ます。こいつが、研いで一皮むくと、下の方からピカッとした刀身が出て来ます。少し時代が下って来ると、少し赤味を帯び、研いだあとには、おできの様なかさぶたと云った形に朽ちこんでいます。現代の刀は研いだあとが孔になって、井戸みたいに、深く掘られて、錆の色が赤くなります。さあ、錆が何故赤くなり、何故黒くなるか。或は穴の様に掘り込まれた錆になり、或は深く入らんのは何故かとなると、もう現代科学は又もや御手あげするんです。そんなもの大学の講義にも、鋼の本にも出て来ないのです。今の学校で教わっている鋼と、昔の刀鍛冶の使った鋼は全然違うんです。製法も根本から違うんでしょう。

焼の入れ方も違うんでしょう。ですから備前の刀に「うつり」と云う模様があるんですが、それが出ないんです。現代の刀鍛冶が、時折出たと云うんですが、完全に出ません。

それから昔の刀に重花丁字《じゅうかちょうじ》なんて云うのがあります。丁字の花の重なり合っている様な刃の模様ですが、これが殆ど出ません。粟田口伝《あわたぐちでん》の、細直刃《ほそすぐは》、刃の模様が細い直線の様に出るのですが、中々出ません。出ないのを上げたら、それこそ名刀の特徴は全部出ないんですけれど、それ程困難な、技術の差があるんです。

### 秘伝消滅す

今残っている秘伝は、残念乍ら秘伝書と云っても、慶長年間約三百五十年前のものが、一番古いのです。江戸時代以前の秘伝書は、一冊も残っておりません。私は四十二年かかって、日本中を探し歩いて、秘伝書を五十三種類見つけたんです。皆、江戸時代以後の物で、それ以前の物はありません。従って正宗の秘伝は、口に伝わっている口伝も無ければ、書いたものもありません。断絶して影も形もありません。造られた名刀だけが標本として残っております。其の美しい標本―大体は国宝―だけを見せられて、累代の刀鍛冶は一生涯、苦闘するんです。そして却々出来ない。古刀の製法絶えたりです。

断絶したやつを、復活しようというのが、現代の刀鍛冶全員の夢なんです。而も誰も復活し得ない。江戸時代三百年かかって、殿様から禄を貰って、生活の保証を受けていた刀鍛冶は、一万人位いましたが、其の中に一人もゴールへ入りません。それで秘伝書を読んで来ると、いや正宗の製法だ長光の製法だと云う事が、書いてはあるんです。おかしいなと思って刀を見ると、相州伝で之を造ったとか、備前伝でやったと茎《なかご》に書いてあるんです。実物を比べ合わせると違うんです。何故こんな違う事を書いたかと思いあぐねていたのですが、私も今年で満六十二歳と二ケ月ですが、判りました。年をとると目があがるんですね、そうすると自作の刀と名刀が、同じに見えるんです。老眼の為に。それで自分の造った刀が、正宗の刀と同じに見え、正宗の名刀が自己の刀と同じになって見えるでしょう。そんなら刀鍛冶は、「われ相州伝を発見したり」と、書きますよ。御弟子が見れば違うけれども、老師匠がいい気持ちになっておるものを弟子が、「違いますよ師匠」、なんて云う人はいますまい。それで刀鍛冶は、晩年俺は備前伝を見つけたとか、相州伝を見つけたとか伝って、満足し切ってニッコリ笑って死んで行くんです。私も今に間もなくもう少し老眼が、ひどくなると、同じ事を云うて、死んで行くんではないでしょうか。神様と云う者は、巧く人間を造っていますよ。死ぬ迄苦悶させません。最期には安らかに笑って、あの世へ旅立たせて下さいます。

## 玉鋼の剃刀

江戸時代の原料鋼の製法は、今日も残っているのです。其の原料を普通玉鋼《たまはがね》と云っているんです。それを分析しますと、前述の二代目村正と比較して、話にはならんけれども、独逸の原料鋼より遙かに優秀なんです。だからね、古名刀と云うのは、原料は、ウルトラCです。現代の日本刀の原料は、刃物鋼としては世界一であり、特級品です。古名刀の鋼はその又上なんです。

右の玉鋼を持って来て、江戸時代の日本刀の製法で、剃刀を造りますと、独逸の剃刀など問題になりません。そうでしょう、長曽弥の虎徹や、山浦清麿と同じ鋼で、同じ方法で造った剃刀が、ゾーリンゲン市の製品以上である事は、これは皆様、御判りになると思います。そうやって剃刀を造り、各方面に販売し、使った理容師さんに、独逸品と比べてどうですかと聞き、五年十年とかかって、沢山統計を取れば、五百人千人の人から答えが来るでしょう。その答えのうち八割位の人から、独逸品以上と云われたら、先ずは善いと思って宜敷いのではないでしょうか。

斯くしてとうとう出来上がりまして、一回研いで、最高は千七百七名剃ったという理容師さんが、富山市におります。剃った人の数は数えなかったが、三年三ケ月間、一度も砥石にかけなかったという人が、福岡市におられます。素人で御自分の顔を剃って長切れさせている人には、談話の大家徳川夢声さんがおります。あの方に、

「切れなくなったでしょうから、送って下さい、研いで返します。」

と云ってやったら、

「まだ切れるからよい。」

と云われ、大体三年に一回ずつ送ってよこされます。おさめたのが五年前ですから、来年あたり送って来るでしょう。それ程素人なら三年位研がなくてよいです。

併し、逆に、悪い事を云う日本人がいまして、

「そんなに切れる物を使ったら、売れないじゃないか。少し切れないものを出したらどうだ。」

悪い考え方です。親子三代、一挺の剃刀で済むなら、その弟子も、近所の同業者が皆之を買うでしょう。日本中がそれで一杯になったら、徐《おもむろ》に外国へ売りに行けばよいでしょう。それをね沢山売ろうと思って、直ぐ切れなくなるものを造ったら、いつになっても独逸のゾーリンゲン市の剃刀に敗けます。

「そんな長切れするものを使ったら、売れなくなるんじゃないか。」と日本人が平気で云う程、日本人のメーカー精神が堕落しているんですナ。その考えで、外国人の物と競争しようなんて云うのは、とんでもない話です。矢張り一挺使ったら、三代に亘って剃刀は買わなくとも宜敷いと云う様なものを、造るべきだと思います。吾々はそれを理想にしています。

何しろ金儲けが第一主義じゃないんです。善い物を造ると云う事が、吾々の生活の根本であり、品物を造って楽しむのが、心の根底にあります。名刀の伝統を生かし、名刀の精神を生かし、鋼も、焼入れも全部を今の剃刀に生かして行こう。これも何とかして大量生産をして工業化の線に載せようじゃないかと努力しています。

この解決は今迄の苦心に比べて、割合に楽だと思うのです。解決して国内の需要を満たすのが先ですから、満たされたら剃刀をアメリカに売り込み、親の仇である独逸製品と一騎討ちをやって見たいのです。一本とってやりたいのです。父親が生きていたら、どんなに喜んで呉れるだろうと思うのですが、木静ならんと欲すれども風やまずで、親に孝行しようと思う頃は、親はいないという訳で、もっと早く完成すればよかったと後悔しております。

昭和四十年三月九日より十二日まで十五分ずつＮＨＫ新潟放送局で放送したものを、茶道の雑誌「石州」昭和四十年八月号より十一月号に発表したものです。

# 刃物一代

## （ドイツ製刃物の実力の前に破れ去った父親の屈辱を胸に心血を注いだ四十余年の研究生活）

### 八幡大菩薩も御照覧あれ

貿易自由化のおかげで大分外国製の日用品が出まわっているようである。いくら国産品愛用というスローガンを立ててみても、外国製品のほうが安くて、しかも品質が上まわっているならば所詮太刀打ちできるものではあるまい。

日本人は果たして、その辺のところをちゃんと見極めた上で、商品を選択しているのかどうか、疑わしく思うこともないではない。その一つに、ゾーリンゲンのカミソリというのがある。カミソリと云えばゾーリンゲンが最高級品と云う考え方は、いつ頃からか日本人の頭に浸み込んでしまったようだ。

ところで、ゾーリンゲンが、ドイツの刃物産地の地名にすぎず、そこには何百と云う刃物工場が集中していて、上から下まで色々な品質のカミソリを送り出しているのだ、と云うことを知らない人がかなりいる事実を合わせて考えてみると、どこまでが切味本意の使用者かと、首をひねりたくなるのである。

正直に云えば、ドイツの刃物は私の〝父の仇〟である。数え年十九歳から還暦をむかえた今日まで四十年あまりの私の半生は、ただ〝父の仇・ゾーリンゲン〟を討ち果たすことに費やされてしまった。

現在、私は新潟県三条市にあるわずかに十坪ほどの、荒壁の工場で、三人の息子と二人の青年を相手に、自分の納得のいくカミソリを月に三十挺造って生業としているが、このカミソリの切味に関する限り、ゾーリンゲン物を完全に引き離し得た、と思っている。

ドイツ製の最高級品は、理容師の名人ならば一回の研ぎでほぼ千人のヒゲを剃ることができるが、私の十坪の仕事場で造られるカミソリで試みたところ、千五百人を剃ってなお余力を残していた。もっとも、そんな製品が完成したのがやっと数年前なのだから、思えば随分まわり道をしたものである。

まわり道だけならよいが、そのために、妻子は貧乏という人生大学のドクター・コースを歩ませられる羽目になってしまった。

私の父は、第一次大戦当時、刃物産地として名高い新潟県三条市で、東南アジアからアフリカまで、年間百万挺ものポケットナイフを輸出する刃物問屋を経営していた。世界を相手に戦っていたドイツの、手薄になった市場をごっそりいただいていた形である。

大戦が終わり、ドイツが着々と復興してくるにつれて、日本製とドイツ製の品質の差は覆うべくもなく、日毎に日本の市場は狭くなった。戦争景気で大きく拡張された設備をかかえた日本の刃物工場は、大正十一年に至って、遂に総倒れとなった。

悪いことに、私の父は、その前にロシアへ洋食器を輸出していた。時あたかもロシア大革命が勃発するや、歴史の歯車が大きく動くようなドサクサの中では、ちょっとやそっとの借金ぐらい踏み倒されないのが不思議、と云う次第になった。つまり、それやこれやで一銭もなくなって、美事に玉砕と云うわけである。

当時私は、旧制新潟高校の文科乙類に在学していたのだが、同級生の中の只一人の非進学者と云うことになった。満鉄にでも入って広く大陸に進出することを夢みていた私には、これは相当なショックであった。

文科の学生だから、刃物の専門的なことなど判るはずもなかったが、私の心の中には父親の敗北を契機として、ある一つの考えが浮かんでいた。――我が日本には、世界に冠たる五郎入道正宗の名刀あり、と聞く。その技術をもってして、何故ナイフ如きものに遅れをとらねばならぬのか？――

父親を一敗地にまみれさせたドイツの刃物に対して、報復の一念を胸に燃やしたのが、いつの日だったか、私も確かには憶えていない。早生まれで中学四年終了で高校へ進学だから、いずれにしても、数え年十九歳、飛白《かすり》の筒っぽでハサミの油を拭いては荷造りしていた、今で云うアルバイト時代の私であったことは間違いない。ある日のこと、近所の八幡さまへ参詣したとき、私は、南無弓矢八幡大菩薩も御照覧あれ、本日より三十年にして、必ずやドイツの刃物を見下す基礎研究を完成し、五十年になったら工場の建設をしてみせます、と願を懸けた。その日から、私の貧乏は、決定づけられたと云っていい。思えば大時代な話である。

さて、何から始めたら悲願が達成されるのか、皆目見当もつかなかった私を導いてくれたのは、偶然古本屋で手にとった高瀬羽皐著の『鑑刀集成』の中に出ていた水心子正秀という武家上がりの刀匠の遺した『剣工秘伝誌』であった。

内容が判っても判らなくても、エレキのようなものが、私に伝わったのであろうか。日本刀の秘密を解明してこそ、初めてゾーリンゲン物に勝つことができるのだ——と、私は心に決めたのである。

## 正宗二十三代の孫

呑気な学生生活が一転してしまった環境の変化からか、私は肺尖カタルに冒され、少時の間、鎌倉の知人宅へ転地することになった。そこで散歩道に刀鍛冶の家があり、その軒の壁に何と「正宗二十三代の孫山村綱広」と云う字がかかっていた。

私は憑かれたように、毎日鍛冶場の格子に倚りかかって見物を続けた。先方でも、変な書生が毎月来てやがる、と思ったのであろうか、そのうちに言葉を交わしてくれるようになった。私が、刀の造り方を習いたいのならまず研ぎを学ぶべきであると云ったら、永野才二師という研ぎ師を紹介してくれた。永野師は私の出身を知って、特に無料で懇切に教えてくれたのである。

旧制高校を出たとは云え、まだ二十歳そこそこの私は、技術の憶えは早かったろうが、しかし、大学に進んで日本刀の秘密を学問的に究めたいという欲望は抑えられなかった。たまたま逗子にいた知り合いの東大生が中学校の教師をやりながら、その余暇に学校へ出ていることを知ると、私は矢も楯もたまらず、彼の勤めている中学校の校長のところへ教師に採用してくれるよう押しかけ談判に出かける仕儀となった。

——三条一万人の刃物鍛冶をひきいて、ドイツ刃物への仇討ちを企てる私を拾って下さい、と私も二十歳の稚気丸出しの強談《こわ》判となり、とうとう校長に「よし、来い。」と云わせてしまった。もしこの校長が、向こう見ずの私を拾ってくれなかったら、私のその後の研究はどうなっていたかわからない。以後、九年と十カ月の間、私はこの学校に奉職し、生活の資を得ることができたのである。

教師といっても、生徒との年齢差はわずか数年だから、仲間のようなものであった。彼等は私に「鍛冶屋さん」というあだ名をつけた。その頃の教え子に、足の悪い、色青白き橋本竜伍という秀才がいたが、彼は後に厚生大臣や文部大臣になって、私を驚かせた。

さて、私は日本刀の研究を始めるにあたって、日本中に沢山遺っているにちがいない刀匠の秘伝書が読めなければだめだと考え、まず東大の国史学科に入って古文書を読む勉強からとりかかることに決めた。と云っても教師の仕事の余暇を利用してのことだから、かなりな制約があった。

三年生になった頃、水戸で古寺の古文書調査に恩師平泉澄教授と同行した時に、水戸の家老のお孫さんの紹介で、刀匠三代目勝村正勝を訪れた。彼の許には城《じょうけいし》慶子正明《まさあき》をはじめ、細川正義、石堂是一《いしどうこれかず》の秘伝の巻物が秘蔵されていた。本来は秘伝書など他人に見せてくれるものではないが、もう当時は、日本刀の研究をしている学生など他にひとりもいなかったのであろうか、快く写本させてくれた。これは後々大変参考になる収穫であった。秘伝書と共に、万延元年水戸の浪士が桜田門外で井伊掃部頭直弼を斬ったときの十何本かの刀の一括注文書が出てきて、びっくりした。

この正勝師は、わしはカマとナタで商売しておる、精神こめて鍛えた刀は金では売らん、気に入ったら持っていけ、という調子の古風な刀匠だった。私は早速許しを得て入門し、学校の休みを利用して鎚を持たせてもらうことになった。

仕事場は、広さほぼ十坪、フイゴの上に神棚を祀り、壁には七五三縄《しめ》を張り巡らし、六根清浄、穢れを忌み嫌うのが原則である。女人禁制だから刀匠の妻と云えども立入ることは許さない。天照大神は女人であるし、妻の作った弁当は食べるのだから変な話だが、若い弟子の気が散らないと云う程度の効果はあるにちがいない。「御用の刀鍛錬中は出入りの者たりといえども不浄の者は立入ることを禁ず」という立札を立てた

ここで師匠と二人で、報知新聞が主催した日本人による太平洋横断無着陸飛行の壮途を祝して短刀を造ったこともあった。掌のマメがくだけて血が流れ、駆け出しの研究生には相当の苦行であった。そのせいでもあるまいが、この時の横断飛行は失敗に終わり、私たちが精魂こめた短刀は、飛行機と共に今はどこか北太平洋の底に眠っているはずである。

## 三十歳の新入生

さて、そうこうするうちに文科を卒業して、いよいよ日本刀の科学的な研究をなすべく工学部の冶金科へ入ろうと思ったが、本来は他学部卒業者は無試験入学の建前なのに、希望者が満員で試験を受けなければならないことになった。高等学校文科で一年間、微分、積分をチラリとやった程度では大学入学試験に対してはてんで歯も何もたつものではない。

で、私は工学部長だった日本刀の権威俵国一博士に頼んで大学院に入れてもらうことにし、そこで中学生なみの初歩の化学実験などしながら、うちでは物理・数学の勉強をした。

ところが、二年間そうして待っていたのに空席が全然できない。つまり、理科系の勉強をやりなおす以外に手がないと気がつくまで二年間かかった勘定になる。

三角関数から、次に微分・積分・物理・化学を独学でマスターするとなるとこれは一仕事である。昼の時間の大半は教師をし、残りの時間は厳密な時間表を作って、猛烈なガリ勉を開始することにした。何しろ冶金を学ばない限り、日本刀の科学的研究などできるはずがないのである。受験生としては、完全なロートルの私にとって、ファイト以外にこの差を縮められるものはなかった。

第一回目の受験は、失敗した。一四〇〇点満点で合格点に三二点の不足、惜敗である。それから、もう一年の独学が続き、今度は背水の陣と云うところだった。そのころ一緒になった妻も狭い貸家の二畳の間で息を殺しながら私の深夜の受験勉強を襖越しに見守っていた。

友人で、すでに東大の講師になっていた人から、発表の前日に「御入学を祝す」の電報を受けとったとき、あわてて故郷へ知らせを出しに郵便局へと駆け出した私の下駄が脱げて空に飛んだものだと、今でも妻が笑いながら話すほど、私は有頂天になった。三十歳の春である。

## 宮本武蔵に説教した話

いよいよ念願の冶金科で研究ができる――私は世界最高の刀である正宗の秘密を探る場にきたわけである。まず第一に、現存の刀鍛冶を探し出して、先祖伝来の秘伝・口伝《くんで》を知らねばならない。これは考えるほど容易ではなかった。刀鍛冶の組合があるわけではないし、それに皆農具の製造などを生業としているために一般の鍛冶屋との見分けもつかない。

私は、御大典の砌《みぎり》に御祝として刀を献上した刀匠を調べ、長い学校の休みを利用して、全国一周の汽車の切符を工面し、北海道から九州、後には満州の新京あたりまで足を延ばして刀匠の子孫を訪ね歩いた。結局この捜索は前後二十年に亘って続けられることになったのである。

秘伝とか口伝とか云うものは、刀匠が生涯の実験結果のエキスを書き残したもので、本来は血判をした入門書を差し入れて教わるものである。しかし刀が衰滅の道を辿っていたためか、大半の刀匠は進んでそれらを公開してくれた。

例えば、十文字槍の秘伝を現代に伝える唯一の刀匠、熊本の延寿太郎宣繁を訪ねた時もそうであった。屋根も壁も藁でできた二坪ほどの粗末な仕事場で、赤貧洗うが如き生活ながら、団扇をユラリユラリと動かす九十歳ほどの先代と共に秘伝を守っていた宣繁は、すでに七十歳近い老人であったが、私の来意を知ると、このまま絶えるかと思っていた秘伝を継いで下さる方もいたのか、と手を取るようにして全部教えてくれた。刀を造れば貧乏になるに決まっているから希望者があっても弟子にしない、可哀相だからだ、と云う言葉を帰りのバスの中で想い出すと、私はポロポロと涙が流れてきたものである。

いくつかの奨学金のおかげで長い中学教師の職を辞した私は冶金科から大学院へ進み、そこを三年終了後、大学の副手に籍を置くことを許された。やっと基礎的な勉強が終わったところで、私はすでに三十六歳になっていた。ちょうどその頃だろうか、吉川英治氏の長篇新聞小説〝宮本武蔵〟が大評判になり、私も愛読していたのだが、その中の一節に、一乗寺下り松の決闘の後、武蔵が本阿弥光悦と会うくだりがあった。光悦と云えば本職は研ぎ師なのに、吉岡一門との激戦後の武蔵が彼と出合って茶器の話などばかりしているはずがないではないか、刃のかけた刀を研いでくれと云うべきだろう、吉川英治ともあろう者がそれくらいのことが分らないのかと、私は大いに気焔をあげ、とうとう吉川邸へ乗り込んだのである。

何時間か、私は日本刀をめぐってぶちまくったが、吉川氏は静かに私の話を終わりまで聞いて下さった。それからしばらくして、武蔵が江戸へ出て馬喰町の安宿へ泊るあたりまで小説が進んできた時、私は目を丸くしてしまった。逗子に住んでいた私の名前をもじったものか、厨子野耕介と云う研ぎ師が登場して、私が吉川氏に対してぶちまくったのと、全く同じ内容のことを武蔵に向かって説教しているではないか。

――刀の事となると、耕介は眼中に人もない。青い頰は少年のように紅らみ、口の両端に唾を嚙み、ともすれば、その唾が相手へ飛んで来ることも意に介さない。

これは正に私のことである。文学者と云うものは、あんな静かな顔をしながら、よくもまあ観察しているものだ、と改めて感心したが、その耕介が、相手を武蔵と知ると「よもや武蔵様とは知らず――どうぞ真っ平おゆるしの程を」と詫びるくだりを見て、私は「なんで詫びる必要がありますか、はなはだ不愉快です」と手紙を出した。するとすぐに返事がきて「しばらく御許しあれ」と人柄のにじみ出たような文面であった。以後、亡くなるまで御交際いただいたのは光栄である。

**刀匠が息を飲む瞬間**

話が逸れてしまったが、私は結局終戦までに、堀井俊秀、笠間繁継師らに師事して種々の教えを受ける一方、全国で百六十余名の刀匠を探し当て、秘伝書五十二種、鑑定書三千種を読むことができた。

結論から云えば、これだけの刀匠と資料を集めても、遂に正宗の秘伝は解明されなかったのである。

日本刀の原料である玉鋼《たまはがね》は、炭素を多く含んでいるので、このままでは硬すぎて刀には向かない。適当に炭素量を減らして軟らかにしておかないと、合戦の際に折れてしまうのである。玉鋼を軟らかにするには、火の中で赤熱させて鎚で叩き、打ち伸ばしては二つに折る作業を十五回位くり返して鍛錬し、炭素の含有量を減らせばよい。一貫五百位の大鎚でこれを朝から晩まで二、三日間叩かせられると、ヘトヘトになる重労働である。

刀はよほど硬い鋼でできていると信じている人が多いが、事実は逆で、一番硬い鋼を使うのがカミソリ、小刀、鉋、その次が庖丁、鋏、次が鋸、鉈となり、鉈よりも軟らかい鋼、炭素含有量〇・六～〇・七%のものを用いるのが刀である。

軟らかい鋼を使っているのに何故よく切れるかと疑問を持つ人もあろうが、日本刀の切味が優秀だというのは世界の刀剣類の中で最も秀れていると云う意味であって、カミソリや庖丁の切味と比較しているのではない。鉈と同様、刀は本来満身の力でたたき切るものなのである。

どんな名刀でも、自分より硬いものは切れるものではない。石切梶原の石を切った話は、衝撃で石が脆く割れただけのことである。

さて焼き上がった刀を水中に入れて冷却することを焼入れと称するが、この時の水の温度、つまり所謂〝湯加減〟は、ほぼ人肌と云うことになっている。刀をこの水の中に突込むと、水の沸騰する大きな音が仕事場にひびき、刀鍛冶が一瞬息を飲む。沸きかえる湯の中から、切尖がグウットの反り上がってくる。焼を入れる前は刀は真直ぐなもので、それが、この焼入れによって刀特有の彎曲を自然に生ずるのである。

この際、刃先だけにしか焼を入れないために他の部分には特殊な土を塗って焼入れを防ぐわけだが、この焼刃土は、粘土、炭の粉、砥石の粉から調合され、その分量と塗る紋様は秘伝とされている。土の塗り方によって刀の表面に乱れ刃や直ぐ刃など美しい様々な模様が浮かぶわけである。

焼入れの済んだ刀は、焼戻しといって、少し温めて粘り気を出し、一応荒研ぎをしてから部分的に幅三、四寸を研き上げてみる。そして出来具合がよろしいとなれば初めて銘を切って研ぎ師に渡す段取りになる。

ところで集めた数十種の秘伝書には、正宗がどうやって刀を造ったかを述べているものが多い。その方法を用いて実際に自分で刀を造ったり、あるいは他の刀匠に造ってみてもらったりしたが、どうしても正宗とは雲泥の差がある。

日本刀は今述べたような方法で昔から造られてきたのだから、研究と実験によって正宗に近い作品の一つぐらい現われてもよさそうなものだが、それが、ないのである。いや、古く江戸から戦国、室町とたどってみても、正宗に比べるものは一振りもない。室町時代の初期、応永年間を境にして刀の質がガクンと落ちている点を考え合わせると、正宗の製法に関する本当の秘伝は、このあたりで完全に消滅してしまったのであろうか。

しかし、刀鍛冶は皆と云っていいほど、晩年の秘伝書の中に正宗の製法を発見したと書き残している。そしてその作品は、正宗とははじめから比較にならないものだ。これは一体どういうことなのだろうか？

やがて、不本意ながら、一つの結論が出た。刀匠は若い時から強烈な火の色を睨んで仕事をしているから視力の衰えが早い。正宗を造りたいと念じ続けてきた老刀匠には、長い間夢みてきた正宗と同じ刀が出来たという錯覚に陥ることはないだろうか。周囲の人も彼をいたわって、その誤りを指摘はすまい。彼は、躍る胸をおさえながら、「吾正宗の製法を発見す」と秘伝書に書き残して莞爾として安らかに死んでいく――。

刀の技術は、科学の進歩に逆比例して、平安時代から下降の一路をたどり、最近の科学をもってすら、六百年前の刀の製法を解明できないのだ、と云うことが確認されたにすぎない、みじめな結果となった。

日本の伝統を誇る刀鍛冶の技術をもってすれば、ドイツ製の刃物も何のことやあらん、と云う私の信念をもう一つぐらつかせた話がある。当時天皇のおヒゲを剃っていた大場秀吉氏という理容師が、国産のカミソリでは陛下のおヒゲは剃れません、ドイツのカミソリを使っています、と語ったので、私は刀鍛冶に造らせることにして全国から七人の刀匠を選んで試作を依頼した。陛下のおヒゲを剃ると云うので、皆感激して造った。関口佐太郎氏という馬喰町の理容師が、カミソリ試験の役をひきうけてくれたが、彼は折角造らせたカミソリを再々に亘って全部はねてしまった。奥歯で嚙んだような切味で、とても御用は果たせない、と云うのである。

昭和十年から十七年に亘った実験である。日本刀の秘密を刃物に生かす私の二十年来の意図は、ひとまず挫折と云うことになった。秘密は、遂に秘密だった。

## 我が恋人は〝たまはがね〟

ただ、日本刀の材料にされる玉鋼に着眼できたのは、最大の幸運であった。玉鋼――これこそ世界最高の純粋な鋼なのだ。島根県の一隅で細々と続けられてきた原始的な製鋼法による鋼がそれである。

鋼は、元来鉄と炭素が結合したものだが、リンや硫黄などの不純物が入って来る。鋼を強くするためには、これらの不純物を取り除かねばならないが、ある程度以上は不可能である。ところが出雲産の砂鉄は混り物が非常に少ない、世界でも珍しい原料なのだ。

集められた砂鉄は「たたら」という小型の炉、広さは畳一枚位、高さは三尺三寸ほどの炉の中へ、樹齢二、三十年程度の松の幹を使った炭と共に投入加熱される。作業は三日三晩のぶっつづけで行なわれ、やがて厚さ一尺あまりの玉鋼の塊が出来る。

普通は高炉《こうろ》で鉱石から銑鉄を造り、それに屑鉄を混ぜて平炉《へいろ》で熔かして鋼にする間接法を用いるのだが、この〝たたら吹き〟と称する製法は、鉱石から一挙に鋼を作る直接法として、世界的に稀なものである。

伝統的な旧式の炉であるため温度が上がらず不純物が鋼の中へと入らないこと、炉の土や燃料の木炭の良質さが相俟って、ここに生まれた鋼は抜群の優秀性を持っている。分析の結果不純物の少ない点で、玉鋼に匹敵するものは、まだ世界中に無い。

科学の進歩をもってすればどんな優秀な鋼でも生み出せると思ったら大きな誤りで、原始的なたたら吹きと同じ品質を保証する製鋼法は未だ発見されていないのである。

戦争の末期、私は海軍から三条の刃物工場を大動員して十五万本の切りこみ用の軍刀を作るよう、命令を受けていたが、敗戦と同時に刀はとり上げられるし、刀の製作は厳禁されてしまった。失望落胆のあまり自殺した刀剣研ぎ師もいた。

残念なことに、この古来のたたら吹きも終戦によって日本刀の需要が絶えると同時に、パッタリと止まり、現在では廃絶の一歩手前迄きている。

話はとんだけれども、昭和二十年の私は手もとにあった玉鋼で再び最高の刃物を造る研究に入ることにし、特にカミソリととりくむ決心をした。

カミソリは使い手の理容師が、切れる、切れぬの文句をつけるし、剃られるお客が下から痛いの、ひりつくのと小言を云うので、刃物の中では最もむつかしいものとされている。最高のカミソリを造り出す方法は、すなわちすべての刃物の頂上へ通ずる道である。加えて、世界の横綱クラスの刃物メーカーへ挑戦する次第にもなった。

材料をドイツやスエーデンにもないすばらしい玉鋼と決めれば、あとは如何にしてこれにカミソリに適した硬さと粘りを与えるか、の問題である。私はすべてを忘れてこの仕事に没頭した。終戦後のインフレを三条に帰った無収入の我が家は一体どうやって切り抜けたのであろうか。無けなしの着物をそっと引き出しから抜いていく妻の後姿に目をつぶりながら、私は炉を造ってはこわし、顕微鏡をのぞき続けた。

三条の町の人々も、あるとき返しの催促なしで、随分と資金をまわしてくれたが、それもまたたく間に費消してしまった。

昭和二十六年、遂に私は、玉鋼をカミソリの材料にする方法を発見した。だが、悲しむべし、私にはすでに一銭の金も残ってはいなかった。時あたかも、父の仇討ちの願をかけてから三十年目、やっと締切りに間に合ったものの、資本金がなければ、手も足も出ない。

私は出雲出身の小汀利得さんに資本金集めの相談を持ちかけてみた。氏の曰く、「玉鋼のことを随筆に書いて文春に載れば、誰かひっかかるよ。」と。

翌二十七年三月号に小汀さんの推薦で文春に載った随筆で、釣れも釣れたり、通産省を釣り上げてしまったのだから有難い話だった。通産省からの研究補助金六十万円で、借家の裏に、粗末ながら工場兼実験室を建てることができた。コークスや重油を使ってはせっかくの玉鋼が悪くなる。木炭なら良いが価格が高くなる。私は電熱を使うことにし、クリプトール電気炉という小さな炉を作った。はじめて商品になる最高のカミソリが出てきたのは、昭和二十九年十月であった。それは、ゾーリンゲン物の少なくとも一倍半は優秀な製品を約束している。

せめて
あと十年

この数年来、月産三十挺のペースはくずされていない。一家が、食べるだけで一杯だが、安物を大量生産して金持になるよりは、たとえ貧乏していても本物を造り出すのが信念だからである。若いエネルギーと大勢の好意に支えられて、荒壁の小さな工場では、基礎研究、量産体制が亀の歩むようにゆっくりとではあるが、着実に進んでいる。

目下の心配の種は、原料の玉鋼である。あと数年分のストックはあるのだが、昭和二十年でストップしてしまった古来の方法を伝える人が絶えたら、それで万事は終わりである。一回のたたら吹きで採れる玉鋼は約一トンだが、上質の炭五千貫を必要とするため、一トンで百万円はかかる。科学的方法で製鋼すれば、最良鋼で三十三万円ぐらいだから、その費用は大変なものである。厳密に云えば、玉鋼の約一割が四方白と呼ばれる特級品で、これを使用するとすればトン当たり三百万円になり、これでは我が家の財力では如何ともなしがたい。たたら吹きを復興し、世界最高の切味を持つ刃物を続々と輸出して世界市場でゾーリンゲン物と渡り合うには、私の財布は薄すぎるようだ。

しかし、ありがたいことに、貿易自由化でドイツのカミソリが滔々として流れ込んでくる。舶来品崇拝の理容師は競ってこれを買い求める。私の製品はすでに三千挺ほどこの業界に売り出されているから、自然両方を使い比べるチャンスが多くなった。

今迄は数十人くらいの人たちから玉鋼のほうが切れるという報告がきたにすぎない。これからは、何百人、何千人の理容師さんから実験結果が知らされてくるだろう。

近代科学と握手した日本刀の秘伝がゾーリンゲンを追い払う日は遠くない。そうなれば国内販路の拡大と共に、資金の応援もどこからかくるだろう。設備も人員も増していき、いずれは近い将来、海外市場でドイツ品と一騎打ちをするようになるだろう。

そうなったら、事業は若い人たちに任せて、私はまた金にならない正宗再現の夢でも追い続けたいのだが――

私はこの正月、満六十歳の誕生日を直腸癌手術後のベッドで迎えた。予後はかなり良い。せめて、あと十年――と、どうも私はあきらめが悪い。もし私が死んだら、子供たちがあとを引き継いでくれるだろうに。

（「文芸春秋」昭和三十八年三月特別号）

# 刀剣

## 一　上代の日本刀

**神話に見える鍛冶**

『日本書紀』『古事記』『古語拾遺《こごしゅうい》』に見える鍛冶の神様は、天目一箇神《あまのまひとつのかみ》と天津真浦《あまつまうら》の二柱である。天照大神が天岩戸に隠れられたとき、天の金山《かなやま》の鉄《かね》を取って、日矛《ひほこ》刀斧の類を造って、大神の出られることを祈った。

崇神天皇の時に、三種の神器中の天叢雲剣《あめのむらくものつるぎ》と八咫鏡《やたのかがみ》は、天皇と同じ御殿に奉安するのは畏れがあるとて、天目一箇神の子孫に命じて模造品を造らせて、宮中に止め、真物の方は大和の笠縫邑《かさぬいのむら》に移されたと、『日本書紀』に出ている。それ以来鍛冶屋は今日まで、天目一箇神を祭神として祀っている。

**帰化人の影響**

文献によれば、わが国には、はじめ鉄を生産せず、朝鮮の辰韓《しんかん》の地から求め、三韓征服後は、朝鮮から鉄を朝貢することを例とした。したがって彼の国の委歩した大刀類が、わが国において喜ばれたことは明らかである。垂仁天皇の時の胆狭《りさ》の大刀が、応神天皇の時には、日月護身剣、将軍破敵剣が伝来した。推古天皇の御製に、「馬ならば日向の駒、大刀ならば呉のまさびうべしかも」とある。呉は揚子江下流地方を指し、「さび」は刃物を意味して、外国の刀剣を賞讃しておられる。

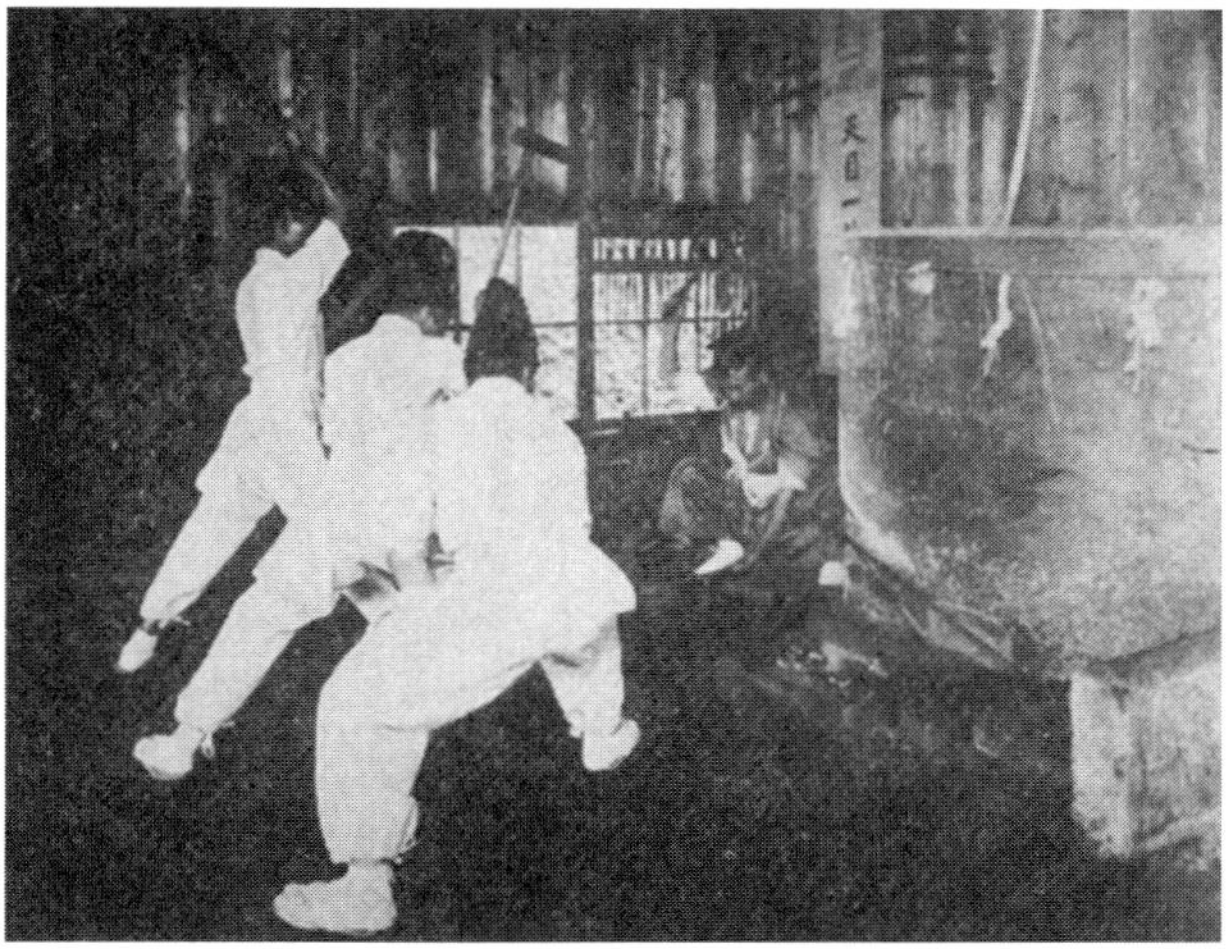

鍛刀場　堀井俊秀師、後に天目一箇神が祀られてある

大陸製の大刀が輸入されるほどであるから、その製法もまた入って来た。応神天皇の時、卓素《たくそ》なる鍛冶が来朝して、韓鍛冶部《からかぬちべ》の先祖となって技術を伝えて以来、帰化人が武器製造に貢献している『常陸国風土記』には、この地方の砂鉄を採って刀を造った人として、帰化人佐麋大麿《さびのおおまろ》があげられ、推古天皇のとき、肥前で征韓用の武器を造ったのは漢《あや》人《ひと》である。『日本後紀』によれば、鍛冶正《かぬちのかみ》に百済王がなっている。

半島の技術を取り入れたわが国の鍛冶法は、非常に進歩をして、仁徳天皇のとき、高麗国から貢献した鉄盾を、国産の鉄で射抜いたり、雄略天皇のときには、武器を百済に供与している。

### 大陸における鍛造法の文献

上代人がどんな方法で刀剣を造ったかという文献は、わが国には残っていない。『古事記』の垂仁天皇の条にある八塩折紐小刀《やしおりのひもこがたな》なる句を持って来て、日本刀に一般に見られる、いくども折り返って鍛錬した証拠とする説もあるが、八塩折は紐にかかる言葉で、いくども絞って染めたという意味である。

大陸から渡来したのであるから、中国の古文献を求める方が参考になる。

春秋時代の記録に、刀匠の干将《かんしょう》が、鉄をわかすのに苦心し、妻の莫耶《ばくや》が髪と爪を切って炉に投じたところ、「金鉄乃濡《きんてつすなわちぬれ》　遂以成剣《ついにもってけんをなす》」と出ていて、鋳造法で造っていたような感じを与える。

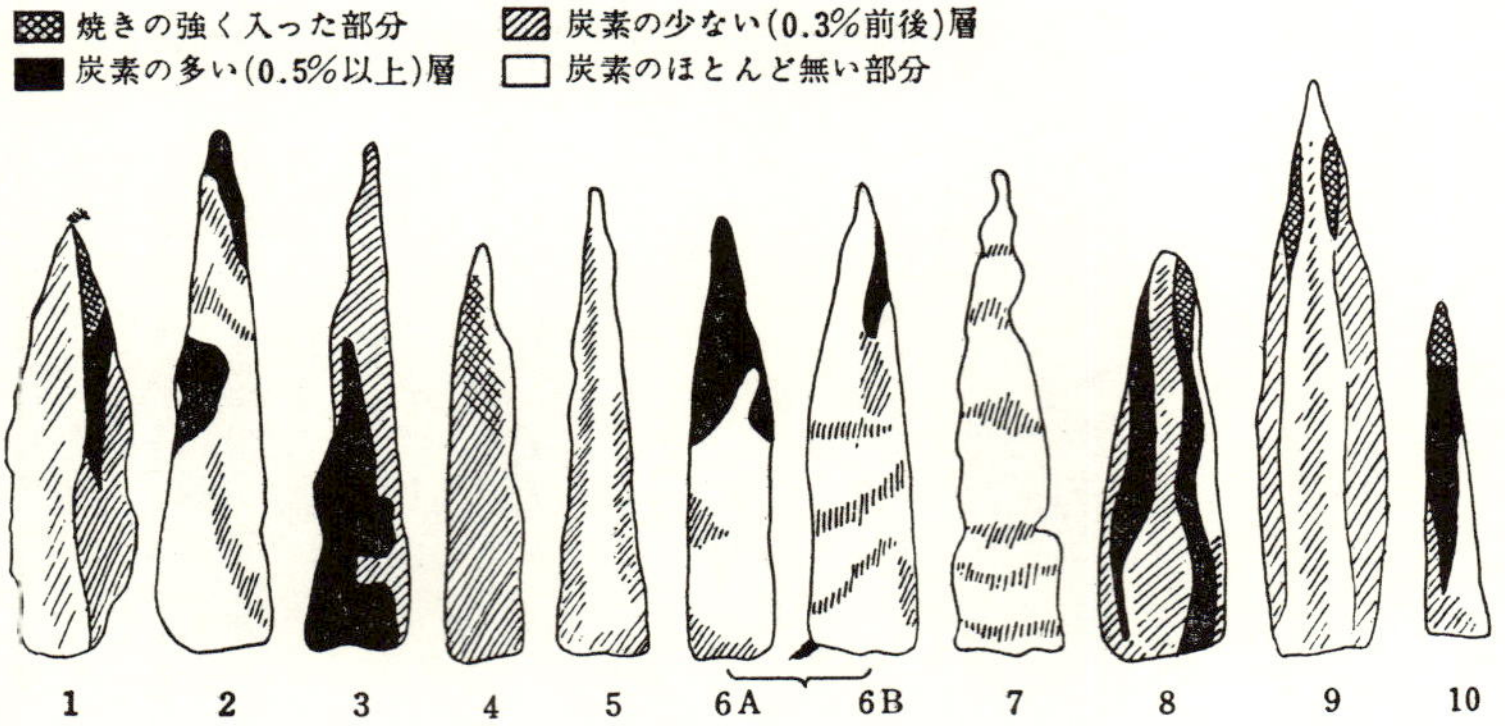


第１図　古直刀炭素分布略図

『北斉書』には、

「生鉄の精を焼き、以て柔鋌に重ね、数宿すれば則ち剛となり、柔鋌を以て刀背と為し、浴するに五牲之溺を以てし、淬するに五牲の脂を以てす」

とあって、軟らかい鉄と硬い鋼を組み合わせ、動物の油で焼き入れしたと書いてある。

三国時代、諸葛孔明の命で、三千本の刀を造った刀工蒲元は、爽烈な蜀江の水で焼き入れをしたという文献がある。

なお当時の中国の文章に、刀剣の表現に、亀文、乱理、松文、簾文、蟠鋼、竜藻等の文字を使っているのを見ると、すでに柾目や板目の肌が出ていたことを想像し得る。

遠く黒海の沿岸ダマスカスの地方に、板目柾目の刀があることが、ベライエ氏（N. T. Belaiew）によって報告されているところから、日本刀の根源は、意外にも甚だ遠くにあるのかも知れない。

**古墳発掘の刀剣**

古墳から発掘された十振の刀の表面を削って、分析した結果を第１表に示し、さらにこれを切断して、炭素分布略図を造ったものを第１図に示した。

これによると、硬い鋼と軟らかい鉄を組み合わせた複雑なものと、軟らかい鉄一種類延ばして造ったものが見られる。中でも奈良県出土

第1表　古墳発掘刀の化学成分（%）

| 番号 | 分析個所 | 炭素 | 満俺 | 燐 | 硫黄 | 銅 | 出土地 |
|---|---|---|---|---|---|---|---|
| 1 | 心部 | 〇・一七 | 〇 | 〇・〇七三 | 〇・〇〇六 | 〇・一六六 | 福岡県上妻郡黒木村 |
| | 皮部 | ― | ― | 〇・〇〇三 | ― | 〇・三五七 | |
| 2 | | 〇・四〇 | 痕跡 | 〇・〇〇五 | 痕跡 | 〇 | 静岡県 |
| 3 | | 〇・六二 | 〇・一五 | 〇・〇一四 | 〇 | 〇・〇一八 | 長野県北佐久郡横和村 |
| 4 | | 〇・二九 | 痕跡 | 〇・〇一一 | 〇 | 〇・〇六五 | 〃 |
| 5 | | 〇・二五 | 〇 | 痕跡 | 痕跡 | 〇・〇二四 | 群馬県碓氷郡八幡村剣崎 |
| 6 | 鎺元《はばき》 | 〇・二二 | 〇 | 〇・〇一九 | 痕跡 | 〇・〇六 | 福岡県 |
| | 切元 | ― | ― | 〇・〇一九 | 〇・〇〇四 | 〇・一一三 | |
| 7 | | 〇・三七 | 〇 | 〇・〇〇七 | 痕跡 | 〇・〇三三 | 〃 |
| 8 | 鎺元 | 〇・四八 | 痕跡 | 〇・〇一 | 痕跡 | 〇・〇八七 | 群馬県佐波郡玉村字角淵 |
| | 切先 | ― | ― | 〇・〇〇七 | 痕跡 | 〇・〇九 | |
| 9 | 皮部 | 〇・一九 | 〇 | 〇・〇〇五 | 〇・〇二二 | 〇・〇三二 | 奈良県 |
| | 心部 | 〇・二七 | 〇 | 〇・〇一 | 〇・〇二二 | 〇・〇三九 | |
| 10 | | 〇・五七 | 〇・〇〇二 | 〇・〇〇五 | 〇・〇〇二 | 〇・〇八四 | 不明 |

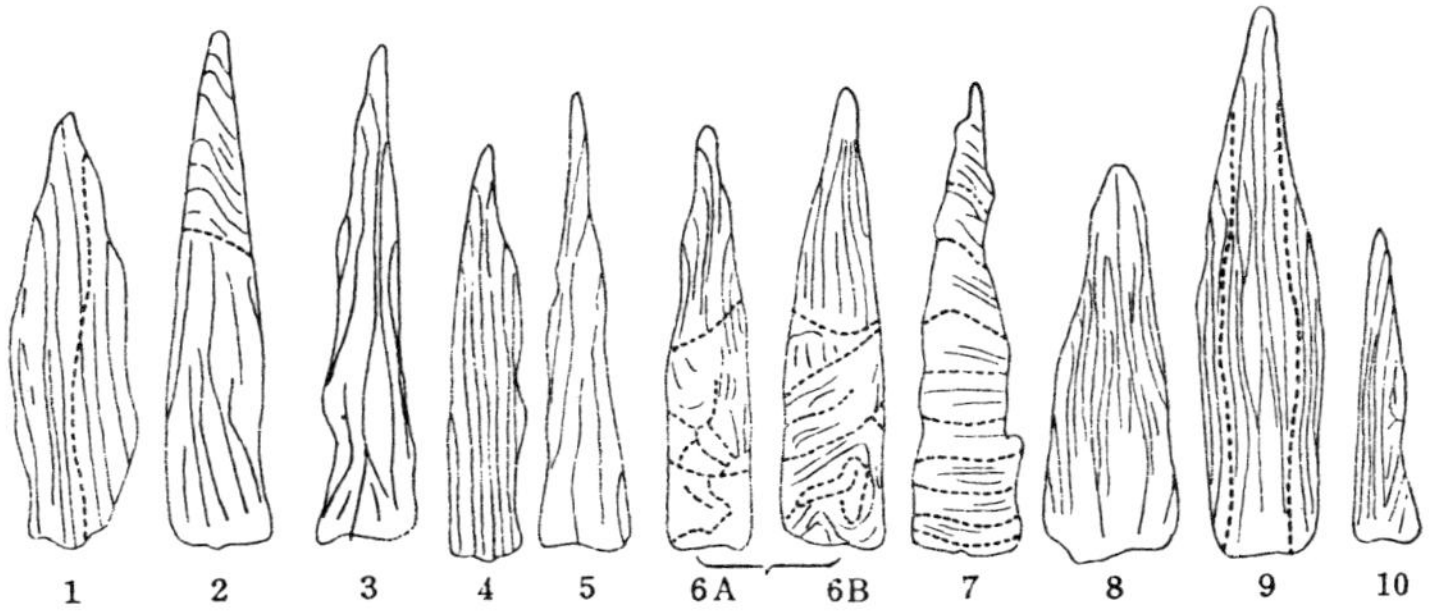


第2図　古直刀鍛造法略図　点線は地金のつぎ合わせ目、細い実線は鉄滓の方向

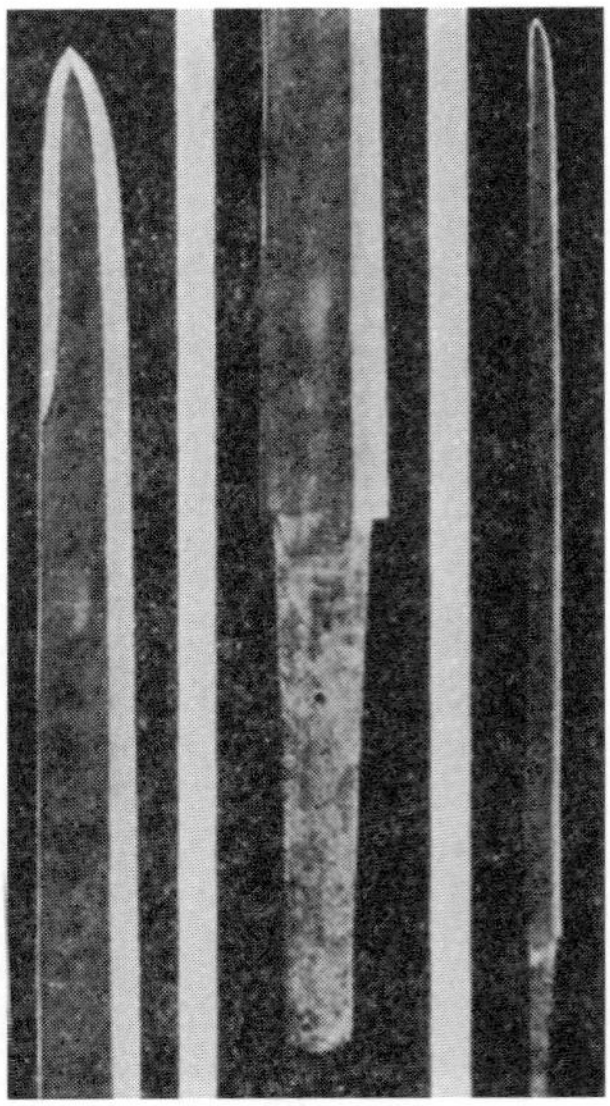

正倉院の鋒両刃造大刀　奈良時代

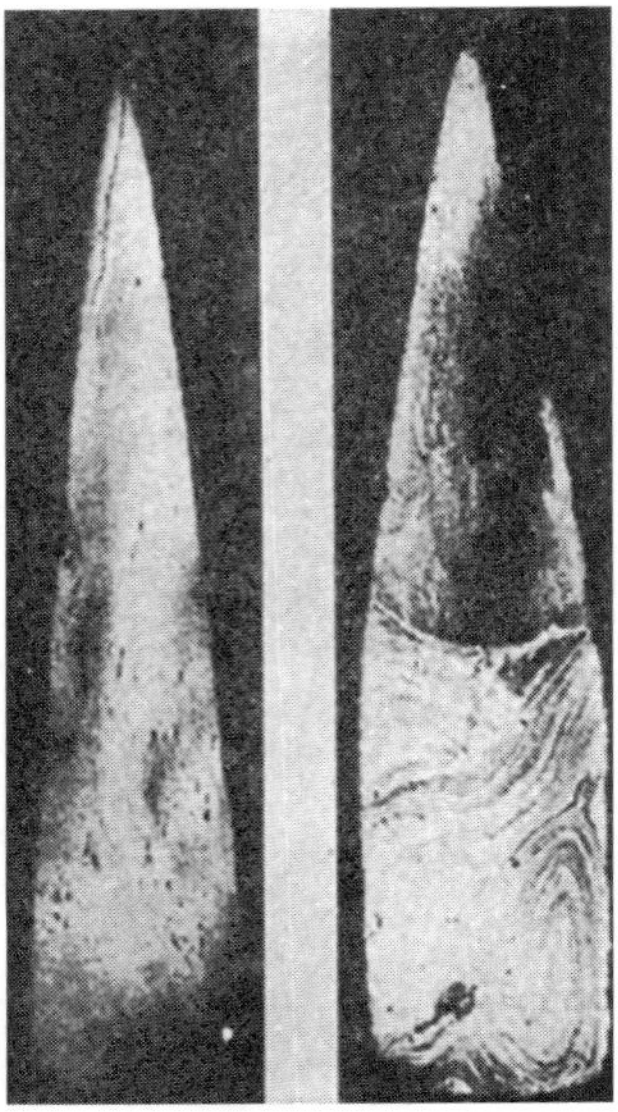

古墳発掘の6号刀の切断面

（左）鉄滓の模様（右）鍛錬の肌模様

の9号刀は三枚合わせであるし、群馬県出土の8号刀は、五枚合わせになっている。しかし二本とも、最も大切な刃先には硬い鋼が出ていない。出土地不明の10号刀、福岡県出土の6号刀、静岡県出土の2号刀は、刃先には特に硬い鋼を使い、最も理想的に組み合わされている。長野県出土の3号刀は、硬軟の鋼を組み合わせながら、棟の方に硬い鋼を用い、刃の方は逆に軟らかい鋼を使っているのは、製作途中の失策ではないかと思われる。

第2図に鍛冶法の略図を出しておいたが、刀の面に柾目の出ている7号刀のほかは、みな板目模様の出るように鍛えてある。このうち第6号の切断面（写真参照）を出した。写真の右は鍛錬の肌模様を、左は鉄滓の模様を示した。

焼刃は、第10号刀に最も鮮かに出ているが、直刃《すぐは》になっている。刀を造って焼刃土を塗らず、火弱に焼くと、直刃が出るから、上代においてはまだ焼刃土は使用されていなかったと思われる。

しかし鍛錬とか、組み合わせの方は、意外にも昔から相当の進歩をしていたことを示している。だがなかにはなんの工作もしてない、技術的には初歩の4号刀、5号刀の混じっているのは当然であろう。

### 正倉院の刀

正倉院には、天平時代の代表的な刀がたくさん秘蔵されている。最近そのうち優秀なものを選んで、研ぎを新たに掛けた。これを見ると板目肌のもの、柾目肌のもの、両者の混じったもの、ごくまれであるが、一本だけ綾杉肌のものがある。これによって、すでに折り返し鍛錬が進歩していたこと、および硬軟の鉄を組み合わせたものがあり、特に鍛目がいかにも細かで、鉄の色が美しく潤い、日本刀の上作に入れ得るものが存在していることが知られる。

焼刃《やきば》は細直刃《ほそすぐは》が多く、中直刃に小乱《こみだれ》や小足《こあし》の入ったものや、二重刃、三重刃もあって、実に巧みに焼き入れがしてある。しかしまだ焼刃土を塗って焼き入れはしていないようである。

刃文には匂出来が多く、沸《にえ》はあっても、細微であるから、焼き入れの温度はあまり火強でないし、材料も炭素量が高くないと考えられる。そのために焼き入れによる鋼の伸びが少ないから、直刀《ちょくとう》になし得たと考えられる。

写真に示した切先の両刃になっている金銀鈿《でん》荘唐大刀は、地景《ちけい》、金筋《きんすじ》が美しく出て、後世の名刀の資格を備えている。唐大刀の文字から見て、唐朝の製作であろうが、その製法は同時に流入したらしいのは、正倉院の他の刀を見て察しられる。

正倉院の刀のほかに、四天王寺の丙子椒林《へいししょくりん》の剣や、七星剣《しっせいけん》、東京国立博物館蔵の水竜剣も、最近新たに研磨された。このうち丙子椒林の剣は、精巧な鍛えによる美しい小板目に、柾目が混じり、硬軟の鉄の組み合わせによる地景、金筋が見え、地沸《じにえ》が一段と白く、厚い霜を置いた感じである。まことに傑作というべきで、七星剣、水竜剣もこれに次ぐ名品である。このうち丙子椒林の剣は、唐朝の製作らしい。これらはつぎの時代の日本刀の製

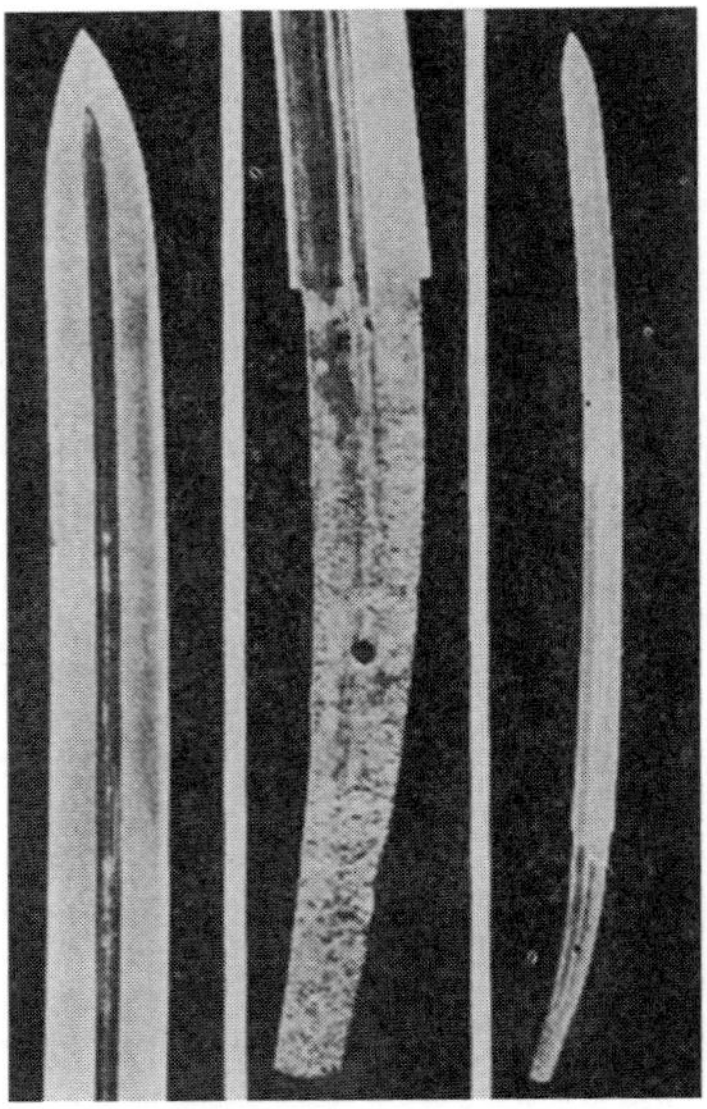

伝天国　小烏丸　奈良時代末期

法の基礎となったであろう。

奈良時代の後期の作品で、わが国で造られたと見られるものに、御物の小烏丸がある。写真に見られるように、少し反りがついているところに、時代の下ったことを示している。地鉄《がね》は軟らかめであるが、玲瓏玉の如く、一面に微細に沸《に》え、刃文は直刃に小乱が混じり、匂深く小沸《こにえ》がよくつき、砂流《すながし》がある。

これと並んで金剛寺の剣がある。鍛が肌立ち綾杉肌が混じっている。この鍛刀は前記の諸刀とはまったく異なった方法らしい。

正倉院の名刀も、小烏丸も、金剛寺の剣も詳細な鍛法は、判明していない。

## 二　各時代の特色

**平安時代の刀**

この時代になると、大刀の形は鍋造りで、反りの深い、純日本式のいわゆる日本刀が出来上がった。大陸から渡来した技術に、さらに一層の磨きをかけて、進歩させ、美しい形のいかにも日本人好みのするものが生まれて来た。それは仏像にもいわれることで、模倣時代を過ごして同化して来たものである。

平安時代の刀は、地鉄は前代よりも、炭素の多い物を使い、刃文も沸匂《にえにおい》が鮮かであり、小乱が多く、直刃にも小乱や足の混じるものが多くなって、日本刀独特の焼刃土を使用した跡が明瞭にあらわれる。

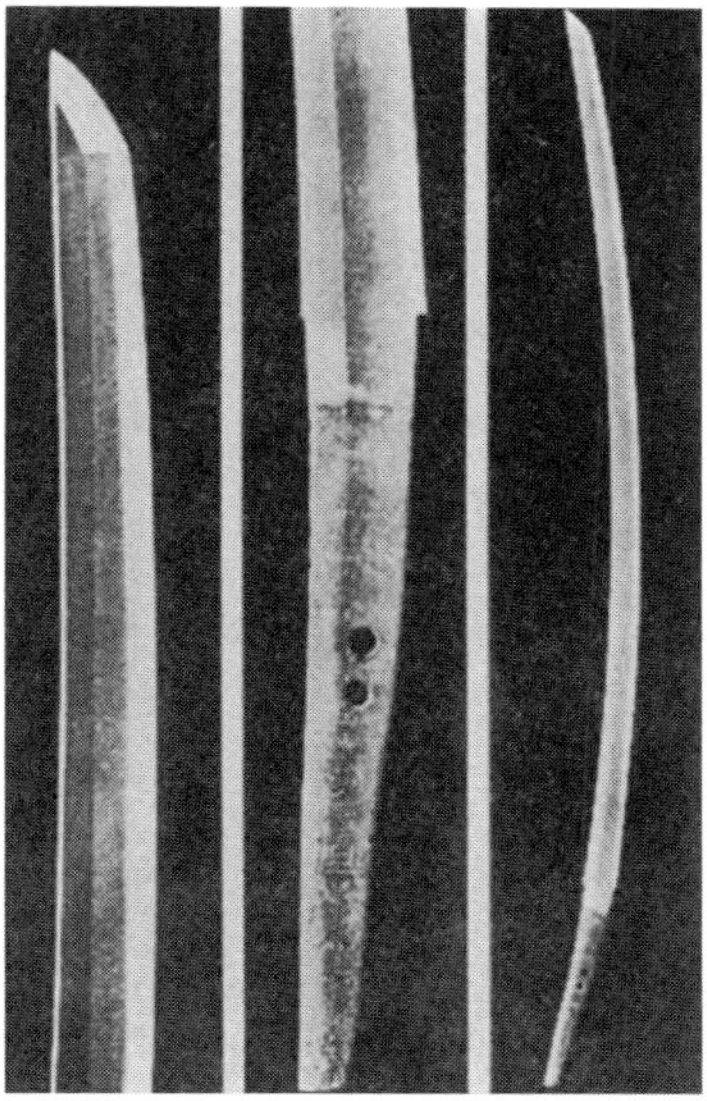

国宝　銘正恒　平安時代末期

写真は、鶴ケ岡八幡宮にある古備前の正恒《まさつね》の名刀で、非常によく出来ている。美しい反りの曲線をお目に留めていただきたい。この形と同じ物を造る方法を、われわれはまだ掴んでいない。

## 『延喜式』による調査

『延喜式《えんぎしき》』によると、大神宮の御剣を造るのに、準備に一日、鍛錬に助手二人をつけて二日、剪《せん》削りと鑢掛けに四日、荒研ぎ一日、焼き入れと中磨きで一日、仕上げ研ぎに一日かけて、合計十日を用い、原料には、十斤五両、一斤百匁説にしたがって、一貫目の鉄で、二尺四寸（七二センチ）の大刀を造ることになる。古墳から出土した大刀、および近代の大刀を計ってみると、五百匁は越さないから、半分以上の鉄が減ることになる。これから見ると、鍛錬して折り返しの途中で、減ったものと思われる。もし鋳法で造り、そのまま打ち延ばして造るなら、こんなに減らないし、日数も一日で出来上がるだろう。それを二日となっているのは、折り返し鍛錬して、刀の形を火造りしたと考えられる。しかしわずかに二日であるから、折り返し回数は、余計でないこともわかる。それにしては、平安時代の刀の地鉄はあまりに美しい。われわれはこれをどうして造るかに頭を悩ましている。焼き入れと中磨きで一日とあることにより、今日同様焼き入れ操作は、ずいぶんていねいに行なわれたことが知られる。

## 鎌倉時代の刀

この時代の特色は、刃文に匂の深い花やかな大丁字《ちょうじ》乱《みだ》れが出来、末期には相州正宗が、地景入りの地鉄の組み方を完成した。地景というのは（写真参照）、刀の地鉄のなかに、付近のものに比べて、

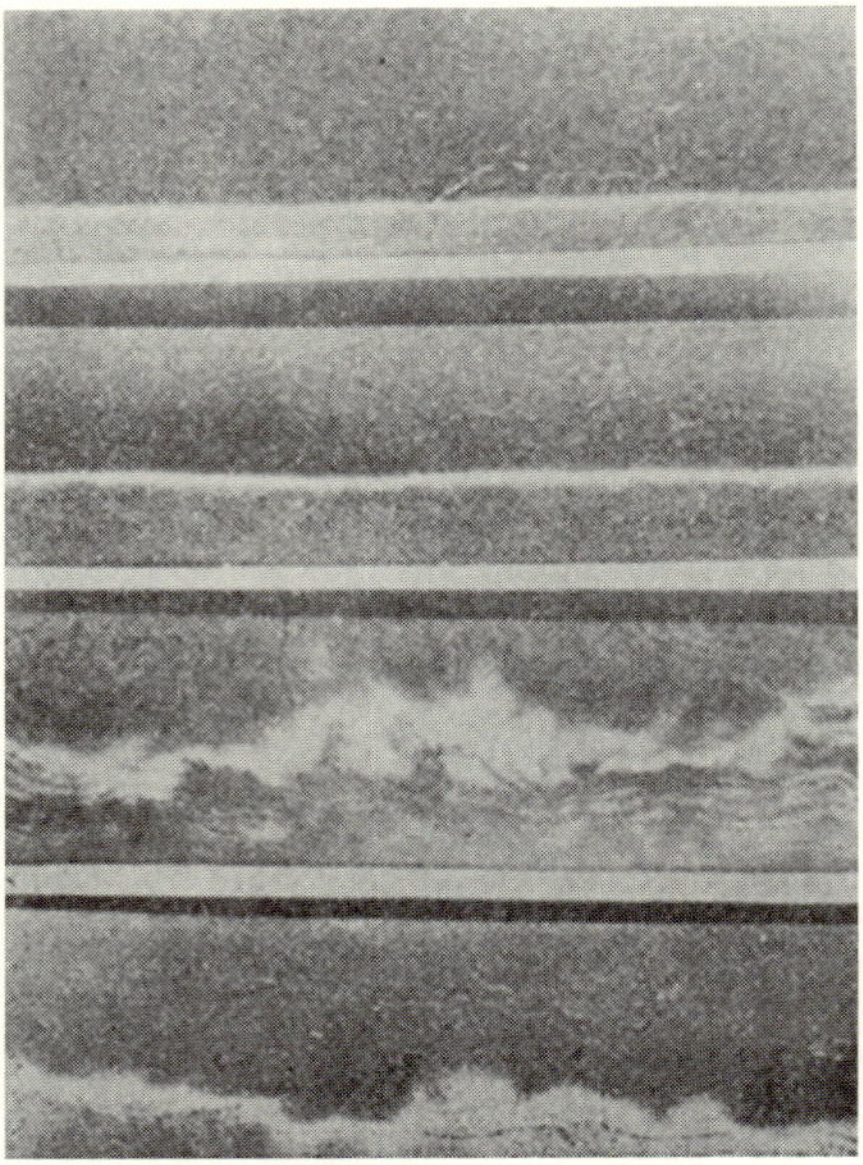

地景と金筋　藤代松雄氏撮影
(1)　新藏五国光　鎌倉時代　永仁の銘あり
(2)　正宗門人郷義弘（松井郷）
(3)　備中高山佳幸久　天文六年八月二日
(4)　山浦清麿　幕末

炭素が少し多くて硬い鋼が混入し、そのため焼き入れに際して、加熱および冷却作用の影響を受けることが甚だしく、研ぎ上げて見ると、色が変わって見えるものである。これを出すためには、刀身を鍛錬したり、焼き入れしたりする時、出来るだけ低い温度でやる必要がある。加熱の度が高くなると、炭素が隣の地鉄の方へ流れて、差がなくなるから地景は消えてしまう。

地景が刃の方へ現われると、焼き入れによってマルテンサイトに変化して、刃のなかに美しい線の模様を出して来る。これを金筋という。

二者いずれも同一の作業で出るが、正宗の出したような美しい地景、金筋を、その後歴代の刀匠中で出した人が一人もいない。写真に正宗の傑作、観世正宗を掲げた。

地景と金筋の出た刀の写真のうち、(1)と(2)は鎌倉時代のもので、(2)は正宗の高弟郷義弘の作品、(3)は室町時代、(4)は江戸時代末期のもの、若干の相違が、写真でも感じられることと思う。

この時代に備前から長光《ながみつ》が出ている。美しい地移《うつ》りを焼き出した（写真参照）。移りとは、鍛錬と焼き入れの両作用に基づき、鍛錬のとき適当な鉄の層の配置を作り、焼き入れ効果と巧く結びつける時のみ生ずるもので、名刀の条件の一つである。刀をすかして見ると、地鉄の方に見える模様である。後世の刀鍛冶がこれを模倣しよ

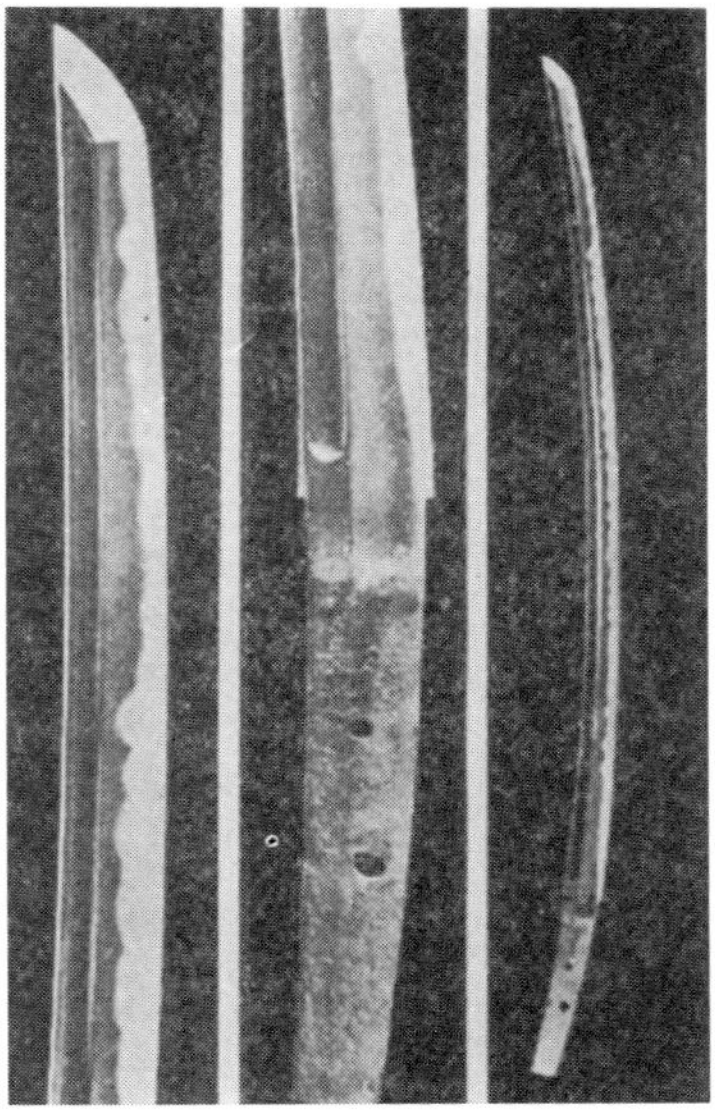

国宝　銘長光（名物大般若長光）
鎌倉時代中期

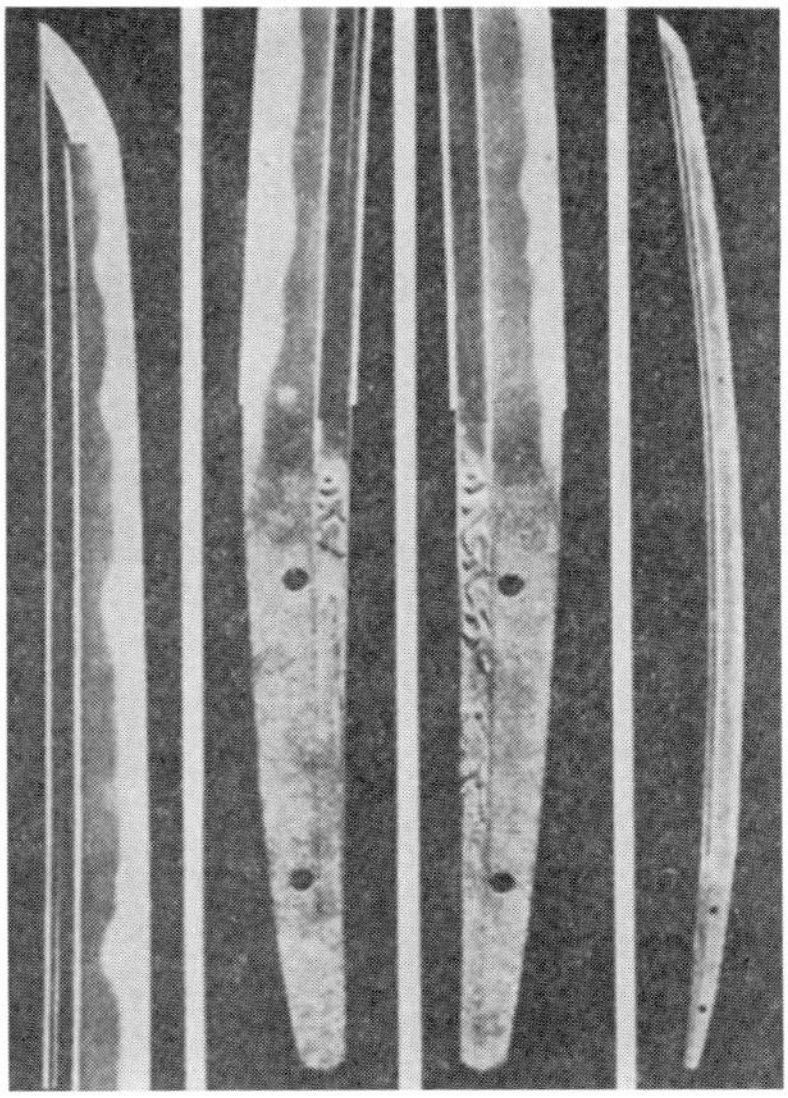

重文　無銘正宗（名物観世正宗）
鎌倉時代末期

うとして、苦心研究しているが、似たようなものは出した人もあるが、完全に同じ物はまだ現わせない。

鎌倉時代の刀で、今日なお解明の出来ないのは、他に粟田口吉光《よしみつ》等の地肌のよく詰まった、梨《なし》子《じ》肌《はだ》で、小沸出来と直刃出来の刀がある。それに近い物は造れるが、並べて比較するとはっきり差異を見出せる。

鍛造の歴史をひもといたなら、古代の技術が手に取るようにわかると思っている人が多かろうが、日本刀に関してだけは、未だに秘密の扉の中にかくされている。

世人はドイツで正宗の刀を研究した結果、タングステンやモリブデンが入っていたと信じているけれども、のちに掲げる分析表から見ても、日本刀のなかにはこのような特殊元素は入っていない。こんな物が入っていたという研究論文は、ドイツでも日本でも発表されたことがない。まことに奇妙な科学的伝説である。

鎌倉時代から刀の水準は下がり、三尺（九〇センチ）、四尺（一二〇センチ）の長い刀が、戦術の変化と共に生まれて来、刃文は主として、互《ぐ》の目、湾《のた》れとなり、それが激しく乱れると、ひたつらとなって来る。ひたつらは全面に焼き入れるもので、いままでなかったものである。焼き入れ技巧の発展と解される。

### 吉野時代の刀

### 室町時代の刀

この頃になると、明国との貿易が盛んになって、夥しい数の刀が製造され、そのうえ戦国の世に入ると、国内需要が急増したために、大量生産がはじめられ、応永年間（一三九四〜一四二八）を境にして、刀剣の質が断層をなして悪くなって来る。需要過多の結果、個人の作から、工場製品となり、一族集まって、数人から四、五十人におよぶものが出て来た。作業も鍛錬、焼き入れ、銘切り等分業でやったと思われる。一族中でもこの家の作であることを明らかにするため、呼名を加えた銘を切る。例えば祐定《すけさだ》には、与三左衛門尉祐定、源兵衛尋祐定、彦左衛門尉祐定、次郎九郎祐定、与左衛門尉祐定、新十郎祐定等がある。

大量生産の産地としては、備前国長船《おさふね》村、美濃国の関の二つが有名である。

刀の刃文は、小互《こご》の目を揃え、あるいはのたれの単調の物から、蟹の爪乱や三木杉等が現われて来た、前時代の名刀に出る備前の地移りは、長船村から姿を消し去った。

しかし田舎にはこうした大量生産の波が押し寄せて来ないので、九州方面には、鎌倉時代の手数の掛かる、難しい製法を続けた刀工もあった。それも戦国時代に入ると、粗悪品をたくさん造る必要に迫られ、次第々々に古法が消滅して、わずかに安土・桃山時代に、堀川国広が残燈を固守したが、彼の歿後その秘法も断絶して、江戸時代の新刀期に移行する。

### 江戸時代の刀剣秘伝書

われわれが刀の製法について、詳細に語り得るのは、江戸時代の製法に過ぎない。それよりも古い時代の方法は、わからないのである。これを復活して、古名刀と同じ物を造ろうとして、江戸時代以来三百年間、刀鍛冶が必死の努力をして来たのにかかわらず、未だに解決されない。これらの研究家が残した秘伝書を、全国に捜し求めた結果得たものは第2表に掲げた五十一種である。

第2表 鍛法の秘伝書

| 番号 | 書名 | 著者 | 年代 |
|---|---|---|---|
| 1 | 五鉄之伝 | 不明 | 一六〇三頃（慶長頃） |
| 2 | 水田国重秘伝書 | 水田国重 | 一六二四（寛永元年） |
| 3 | 鉄鍛書 | 不明 | 一六六三（寛文三年） |
| 4 | 剣刀秘宝 | 大村加卜 | 一六八四（貞享元年） |
| 5 | 清興鍛冶秘伝書 | 中村清興 | 一七〇二（元禄十五年） |
| 6 | 肥前忠吉秘伝書 | 肥前忠吉 | 一七三五頃（享保年間） |
| 7 | 薩州景和鍛冶秘伝書 | 上野景和 | 一七六四（宝暦十四年） |
| 8 | 正良問答 | 斎藤高寿 | 一七九〇（寛政二年） |
| 9 | 煉刀造法伝 | 伊知地正幸 | 一七九〇頃（寛政二年頃） |
| 10 | 刀剣或問 | 松村昌直 | 一七九七（寛政九年） |
| 11 | 太刀之大事 | 源義 | 一八〇三以後（享和三年以後） |
| 12 | 鍛錬秘函 | 水心子正秀 | 一八〇四（文化元年） |
| 13 | 直道焼刃土秘伝書 | 丹後守直道 | 一八〇六（文化三年） |
| 14 | 剣工談 | 沼田直宗 | 一八〇八（文化五年） |
| 15 | 鍛冶之事 | 藤井与七左衛門 | 一八〇九（文化六年） |
| 16 | 刀剣弁疑 | 水心子正秀 | 一八一六（文化十三年） |
| 17 | 剣工秘伝誌 | 水心子正秀 | 一八二一（文政四年） |
| 18 | 正秀一秀問答 | 水心子正秀 | 一八二一頃（文政四年頃） |
| 19 | 造刀心得之伝書 | 水心子正秀 | 一八二二（文政五年） |
| 20 | 冷温意得之伝書 | 水心子正秀 | 一八二二（文政五年） |

| | | | |
|---|---|---|---|
| 21 | 刀剣実用論 | 水心子正秀 | 一八二四（文政七年） |
| 22 | 鍛錬王函 | 水心子正秀 | 一八二四（文政七年） |
| 23 | 鍛錬造刀玉鑑 | 水心子正秀 | 一八二四（文政七年） |
| 24 | 刀剣疑解 | 沼田直宗 | 一八二四（文政七年） |
| 25 | 刀剣復古弁 | 沼田直宗 | 一八二四（文政七年） |
| 26 | 鍛冶神秘事 | 伊賀守金道 | 一八二五（文政八年） |
| 27 | 刀剣得失考 | 神戸盛矩 | 一八二八（文政十一年） |
| 28 | 相州正宗鍛冶法伝書 | 不明 | 一八二八（文政十一年） |
| 29 | 長運斎綱俊免状 | 長運斎綱俊 | 一八三八（天保九年） |
| 30 | 八雲鍛秘伝書 | 徳川斎昭 | 一八三九（天保十年） |
| 31 | 鍛記余論 | 窪田清音 | 一八四一（天保十二年） |
| 32 | 刀剣固癖録 | 橋本忠棟 | 一八四六（弘化三年） |
| 33 | 刀剣五行論 | 森岡朝尊 | 一八五〇（嘉永三年） |
| 34 | 荘司直胤秘伝書 | 荘司直胤 | 一八五三（嘉永六年） |
| 35 | 藤枝英義秘伝書 | 藤枝英義 | 一九五六（安政三年） |
| 36 | 刀剣鍛考之内 | 堀井胤吉 | 一八五六（安政三年） |
| 37 | 刀剣秘歌集 | 細井正義 | 一八五七（安政四年） |
| 38 | 細川正義土取之秘伝書 | 細井正義 | 一八五七頃（安政四年頃） |
| 39 | 石堂是一免状 | 石堂是一 | 一八五七（安政四年） |
| 40 | 城慶子正明秘伝書 | 竹村正明 | 一八五八（安政五年） |
| 41 | 焼刃薬秘方 | 正秀 | 一八六五（慶応元年） |
| 42 | 運司盛俊目録 | 運司盛俊 | 一八六五頃（慶応元年頃） |
| 43 | 月山重宗伝書 | 月山重宗 | 一八六五頃（慶応元年頃） |
| 44 | 相州伝鍛法并焼剣工伝書 | 左宗近 | 一八六五頃（慶応元年頃） |
| 45 | 焼刃土調合法 | 山浦真雄 | 一八六五頃（慶応元年頃） |
| 46 | 焼刃土合せ方 | 斎藤清人 | 一八六五頃（慶応元年頃） |

| | | | |
|---|---|---|---|
| 47 | 尾崎正隆免許状 | 尾崎正隆 | 一八六五頃（慶応元年頃） |
| 48 | 一心子正一土取図 | 須郷正一 | 一八七一（明治四年） |
| 49 | 一心子正一秘伝書 | 須郷正一 | 一八七一（明治四年） |
| 50 | 紀政広鍛法免状 | 長谷川政広 | 一八八三（明治十六年） |
| 51 | 青竜軒盛俊免状 | 青竜軒盛俊 | 一八八七（明治二十年） |

これを通観して感ずることは、最も古くて慶長（一六〇三年）、寛永（一六二四年）のものに過ぎない。新しい物になると、明治二十年（一八八七年）にくい込んで来る。江戸時代以前の文献は未だ発見されていないから、われわれの説明し得る鍛法は、江戸時代のものである。

これらの秘伝書を読むと、多くは古銘刀の製法と称するものを書いているけれども、著者である刀鍛冶の実際の作刀を見ると、はっきりと古刀との差があって、優れた鑑賞家は、一見して直ちに区別してしまう。またここに書き残された製法を、実地にやってみても、出来上がった結果は古刀とは違うのである。鍛造の歴史を語ろうとしても、一番大切な古銘刀の造り方は不明のまま、江戸時代の方法を、この五十一種類の秘伝書からまとめ上げるに過ぎない。

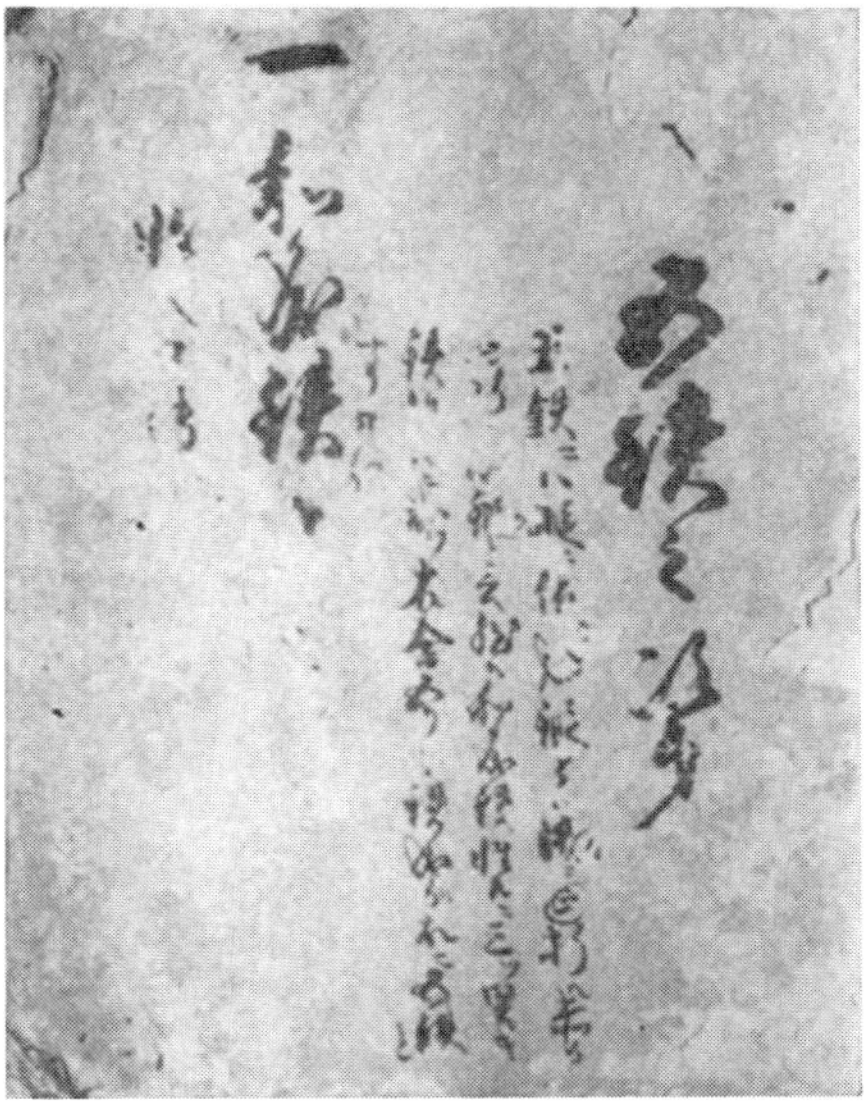
『五鉄之伝』　現存する最古の秘伝書

## 三　日本刀の化学成分

第3表に日本刀の化学成分を掲げた。これを見る

第3表　日本刀の有する化学成分（%）

| 番号 | 作者 | 分析個所 | 炭素 | 満俺 | 燐 | 硫黄 | 銅 | 介在物 | 時代 |
|---|---|---|---|---|---|---|---|---|---|
| 1 | 無銘 | なかご | 〇・三六 | 〇 | 〇・〇一六 | 〇・〇〇五 | 〇 | 〇・一五 | |
| 2 | 康光 | 〃 | 〇・七五 | 〇 | 〇・〇二二 | 〇・〇〇三 | 〇 | 一・六九 | |
| 3 | 兼信 | 〃 | 〇・六四 | 痕跡 | 〇・〇一七 | 〇・〇〇四 | 〇 | 〇・四九 | |
| 4 | 兼（以下不明） | 〃 | 〇・六六 | 〇 | 〇・〇一五 | 〇・〇〇三 | 〇 | 〇・四九 | |
| 5 | 兼常 | 〃 | 〇・四七 | 痕跡 | 〇・〇二九 | 〇・〇〇三 | ｜ | 〇・七一 | |
| 6 | 兼房 | 〃 | 〇・四二 | 痕跡 | 〇・〇三五 | 〇・〇〇四 | ｜ | 〇・六六 | |
| 7 | 了戒 | 切先 | 〇・六四 | 痕跡 | 〇・〇三五 | 〇・〇〇四 | 〇 | 〇・三二 | 鎌倉時代 永仁（一二九三） |
| 〃 | 〃 | 物打 | 〇・五四 | 〇・〇二 | 〇・〇三八 | 〇・〇〇一 | 〇 | 〇・四八 | |
| 〃 | 〃 | 焼出 | 〇・四九 | 〇・〇三 | 〇・〇四一 | 〇・〇〇五 | 〇 | 〇・四二 | |
| 〃 | 〃 | なかご | 〇・五五 | 痕跡 | 〇・〇三九 | 〇・〇〇三 | 〇 | 〇・六二 | |
| 8 | 村正二代 | 切先 | 〇・五一 | 痕跡 | 〇・〇〇三 | 〇 | ｜ | 〇・八八 | 室町時代 大永（一五二一） |
| 〃 | 〃 | 物打 | 〇・七二 | 痕跡 | 〇・〇〇五 | 〇 | 〇・〇一七 | 〇・八六 | |
| 9 | 広光 | 切先 | 〇・一五 | 痕跡 | 〇・〇四五 | 〇・〇〇三 | ｜ | 〇・四五 | |
| 〃 | 〃 | 物打 | 〇・五〇 | 〇・〇二 | 〇・〇三五 | 〇・〇〇五 | 〇・〇一六 | 一・二五 | |
| 〃 | 〃 | なかご | 〇・四四 | 痕跡 | 〇・〇三八 | 〇・〇〇四 | ｜ | ｜ | |
| 10 | 二王清貞 | 焼出 | 〇・二二 | 〇 | 〇・〇二三 | 痕跡 | ｜ | 〇・七〇 | 江戸時代 慶長（一五九六） |
| 〃 | 〃 | 切先 | 〇・四〇 | 〇・〇三 | 〇・〇三三 | 〇・〇八二 | 〇・三三 | ｜ | |
| 〃 | 〃 | 物打 | 〇・六六 | 〇・〇三 | 痕跡 | 〇・〇六二 | 〇・五三 | ｜ | |

| | | | | | | | | | |
|---|---|---|---|---|---|---|---|---|---|
| 11 | 無銘 | なかご | 〇・二二 | 痕跡 | 〇・〇〇一 | 〇・〇〇八 | — | 〇・九二 | |
| 12 | 汎隆 | 物打 | 〇・八〇 | 痕跡 | 〇・〇一八 | 痕跡 | — | 〇・五〇 | |
| 13 | 無銘 | 切先 | 〇・三七 | 痕跡 | 〇・〇三〇 | 〇・〇〇四 | — | 〇・〇三 | |
| 〃 | 〃 | 物打 | 〇・一四 | 痕跡 | 〇・〇二〇 | 〇・〇〇一 | — | 〇・三二 | |
| 〃 | 〃 | 焼出 | 〇・一三 | 痕跡 | 〇・〇一四 | 痕跡 | — | 〇・四二 | |
| 14 | 祐定（偽銘） | 切先 | 〇・五一 | 〇・〇四 | 〇・〇二五 | 痕跡 | — | — | |
| 〃 | 〃 | 物打 | 〇・五六 | 〇・〇三 | 〇・〇二五 | 痕跡 | — | — | |
| 〃 | 〃 | 焼出 | 〇・五一 | 〇・〇四 | 〇・〇二五 | 痕跡 | — | — | |
| 〃 | 〃 | なかご | 〇・五六 | — | — | — | — | — | |
| 15 | 波平安秀 | 物打 | 〇・三九 | 〇 | 〇・〇一六 | 〇・〇一四 | 〇・二七 | — | 室町時代 文明（一四七一） |
| 16 | 信国 | 中央 | 〇・二四 | 〇 | 〇・〇〇六 | 〇・〇〇二 | — | — | 室町時代 応永（一三九四） |

第4表　日本刀刃部の炭素量（%）

| 番号 | 作者 | 分析個所 | 推進炭素量 |
|---|---|---|---|
| 7 | 了戒 | 切先 | 〇・七 |
| 〃 | 〃 | 物打 | 〇・七〜〇・六 |
| 〃 | 〃 | 焼出 | 〇・七〜〇・九 |
| 8 | 村正二代 | 切先 | 〇・七五 |
| 〃 | 〃 | 物打 | 〇・七五〜〇・八 |
| 10 | 二王清貞 | 焼出 | 〇・七五 |

と、不純物の少ない、極上等の純炭素鋼を使用していることがわかる。特に⑾の無銘の古刀は、燐は〇・〇〇一%、硫黄〇・〇〇八%を示し、⒃の応永（一三九四年）の信国《のぶくに》は、燐は〇・〇〇六%、硫黄は〇・〇〇二%、⑻の大永（一五二一年）頃の村正二代は、燐は〇・〇〇三%、硫黄〇で、特別純度の高い物を使用している。こうした優秀な原料鋼を作る方法がまず問題になって来る。近世のたたら吹きで吹く玉鋼には、こんな純度の優れたものは出来ない。それでも玉鋼は普通の平炉鋼や電炉鋼よりもはるかに不純物は少ないの

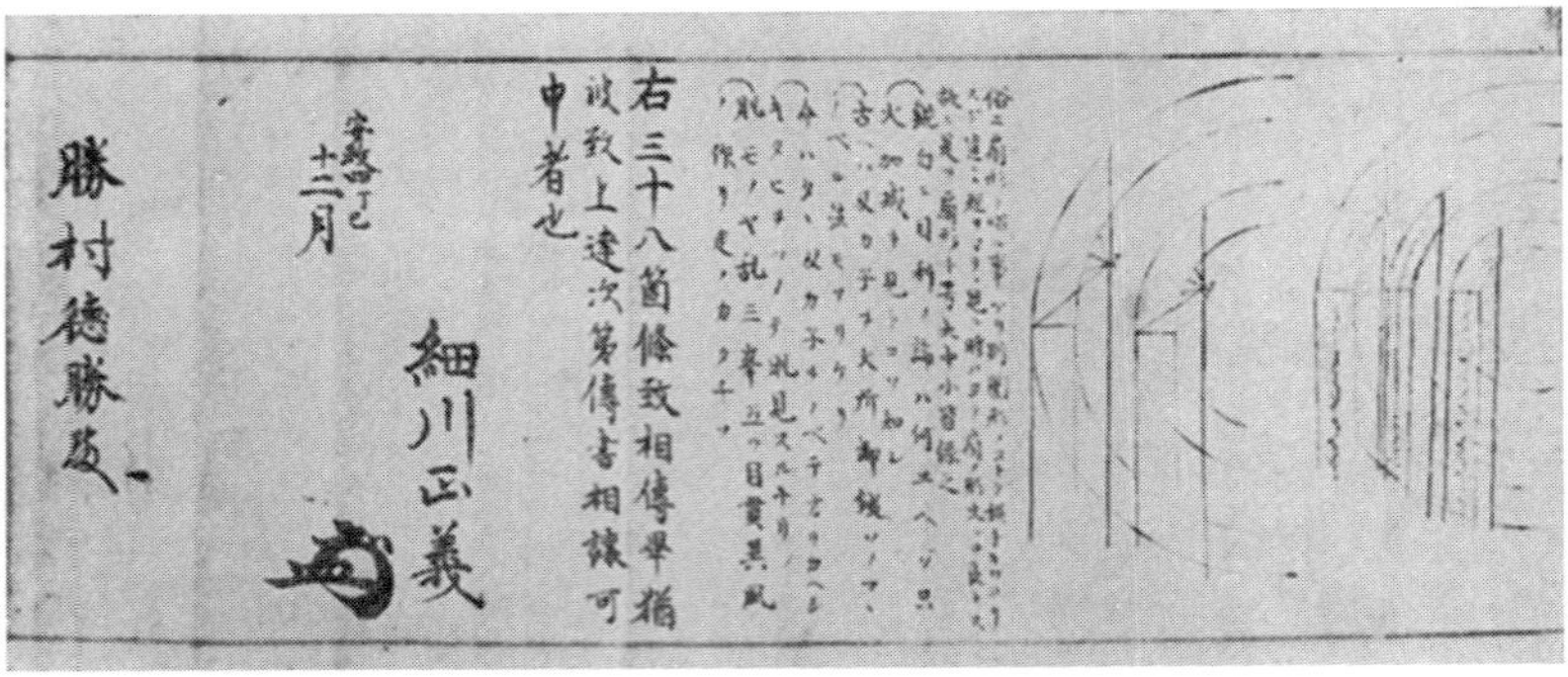


細川正義筆　刀剣秘歌集

である。

第4表に右のうち三本の刀を選んで、刃の部分は焼鈍し、顕微鏡で見て、炭素量を推定して出しておいた。鎌倉時代の了戒《りょうかい》も、室町時代の村正二代も、江戸時代初期の二王清貞《におうきよさだ》も共に、炭素は〇・七％前後で皆一致している。これらの分析表と、古墳出土の刀剣のそれ（第1表）を比べて見ると、ほとんど同じようなもののあることが判明し、原料は、上代以来、なんら変化していないことを知り得る。

## 四　製法の技術

**復古法**

復古刀を目指した江戸時代の秘伝書は、古刀の製法に三つの方法を提唱している。一鋳刀、二おろし鉄《かね》、三折り返し鍛錬法である。

一、鋳刀というのは、鉄山で吹いた鋼、あるいはおろし鉄が、ちょうど適当の硬さであったなら、そのまま打ち伸ばして刀にする。写真の細川正義は、この旨を書いたところを掲載した。

二、おろし鉄は、刀匠の火所で、銑鉄や鋼、あるいは生鉄《たまがね》を小片にして、加熱しつつ熔融滴下させて炉底にかたまらせたものである。火所の深さを加減し、空気の当たる量を調節すれば、すなわち強く当た

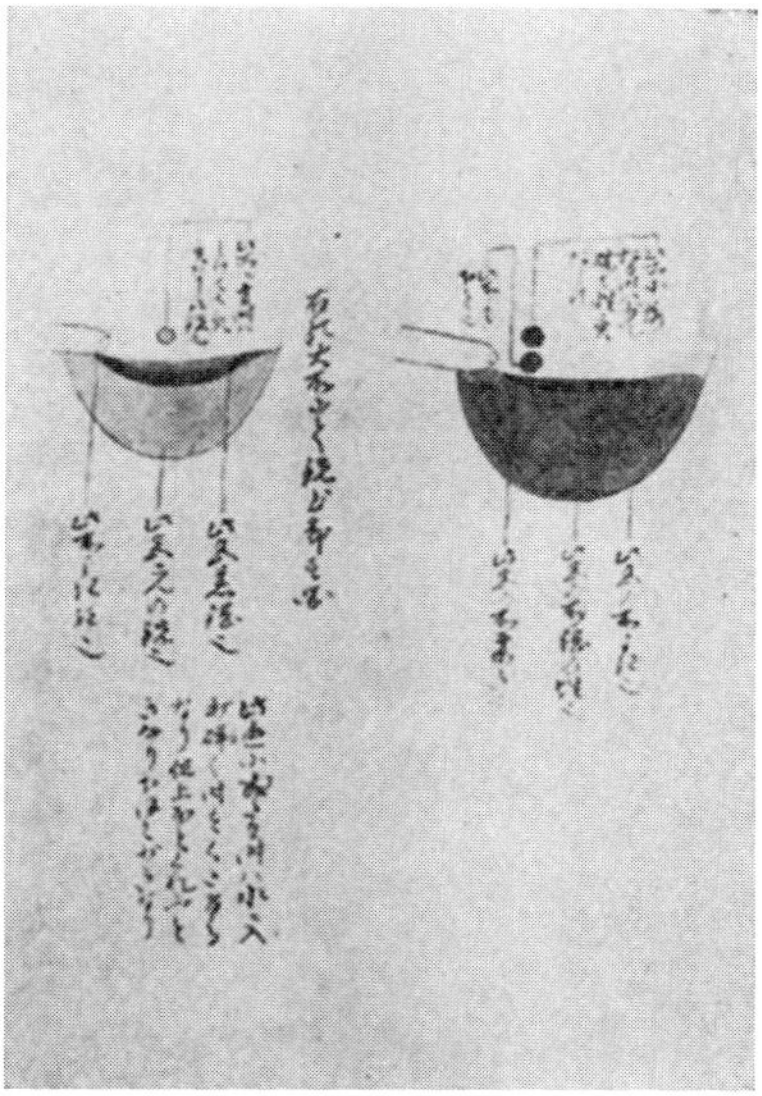

沼田直宗著『剣工談』
おろし鉄と火所の図

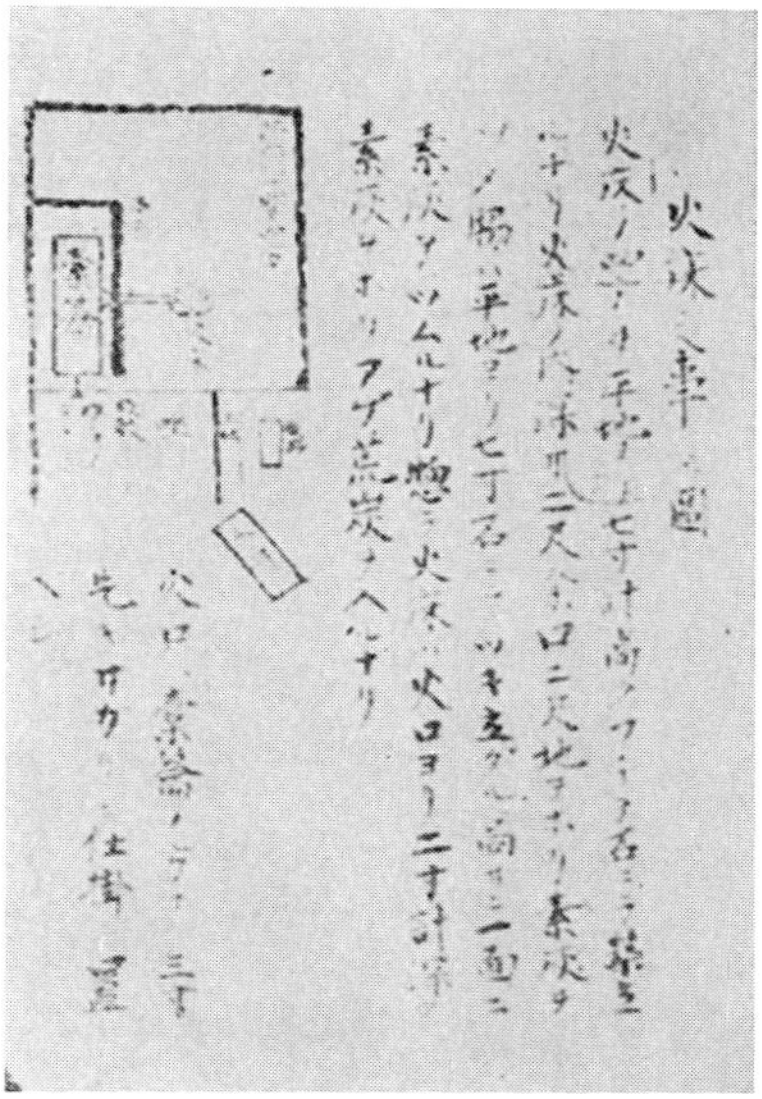

伊地知正幸著『煉刀造法伝』
刀鍛冶の工場の図

れば脱炭して軟らかくなり、ほとんど当たらないように、炉底を深くすれば、加炭されて硬くなる。これによって原料にどんな鉄を持って来ても、自由自在に硬軟の鋼を造ることができる。こうして造られたおろし鉄を適当に鍛えて刀にする。

水心子正秀、沼田直宗らは、これこそ復古法の秘密であると確信していた。写真は沼田直宗の『剣工談』（一八〇八年＝文化五年）のおろし鉄のやり方を示している。

三、これに対して、百煉すれば最高の鋼になると説き、数十回も折り返し鍛錬すれば、古銘刀が出来ると主張する、橋本忠宗の『刀剣固癖録』（一八四六年＝弘化三年）は六十四回の鍛錬を唱えている。こうした鍛錬場の設計図を写真に示した。これは伊地知正幸の『煉刀造法伝』（一七三七年頃＝寛政二年頃）の著述である。

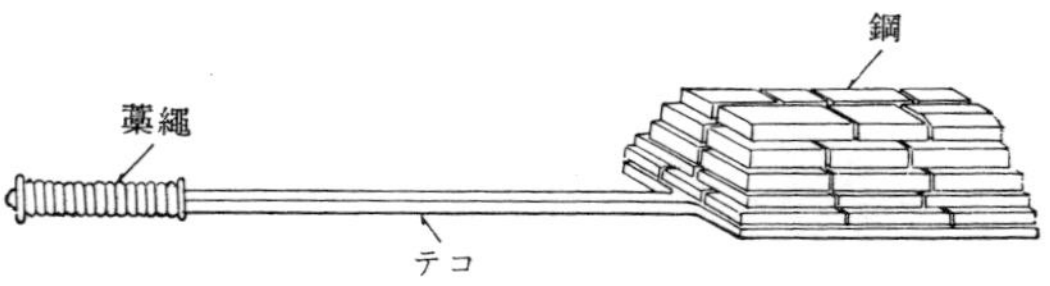


第3図　挺鉄に鋼を積んだところ

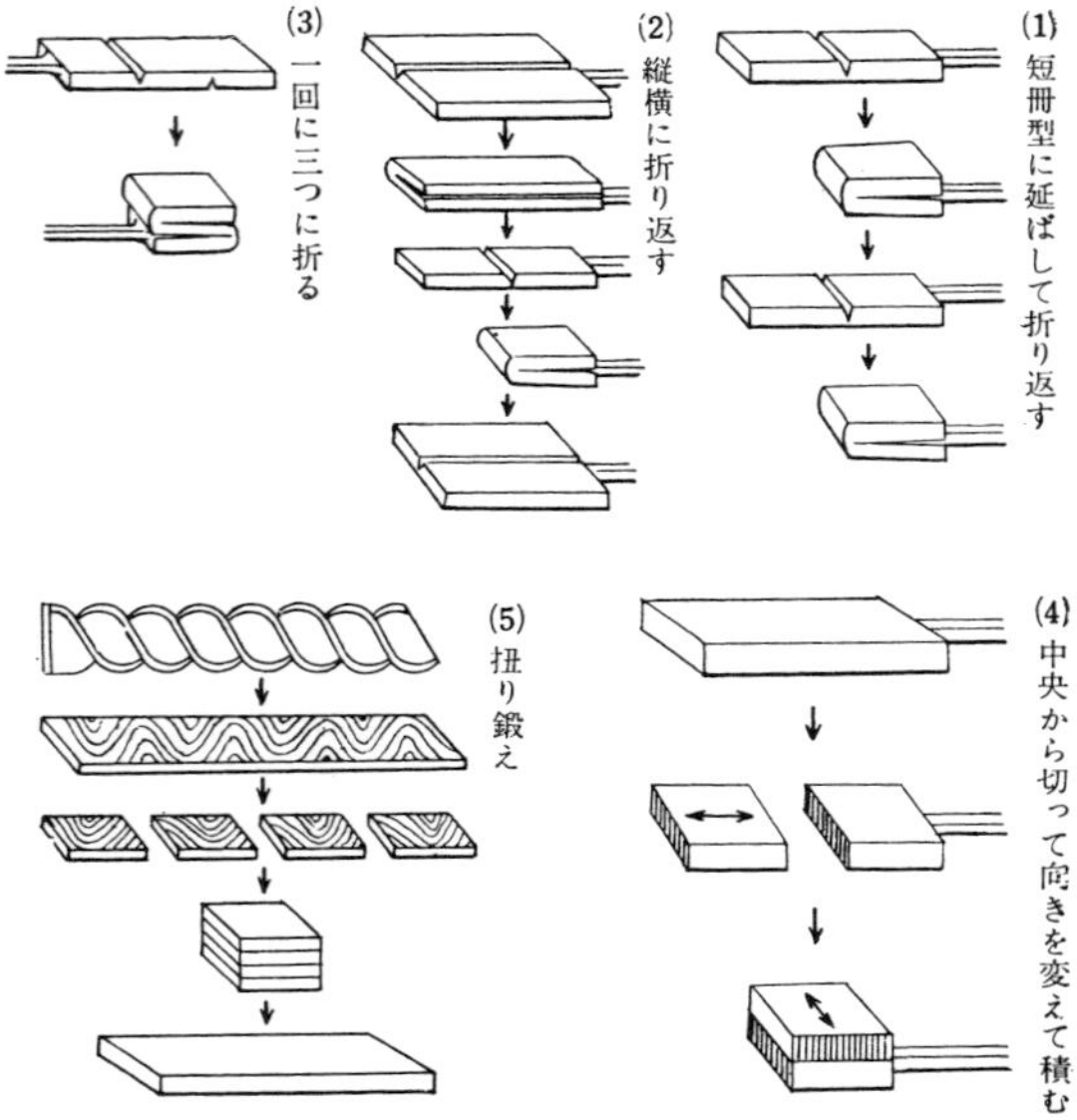


第4図　鍛　え　方

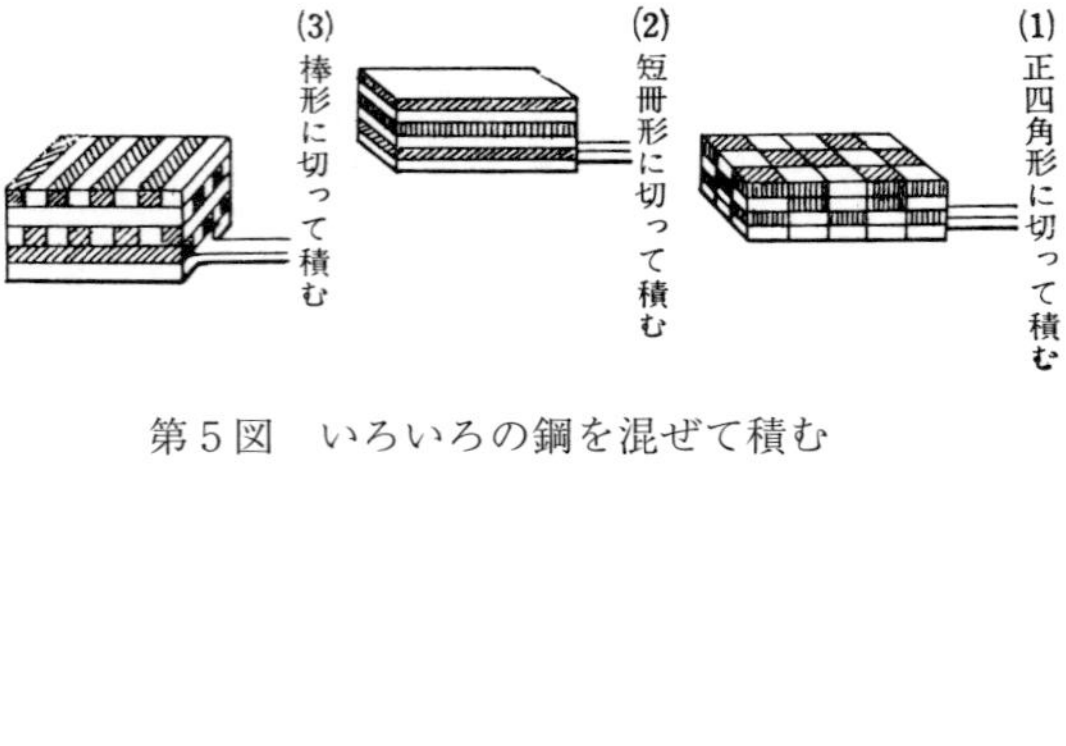


第5図　いろいろの鋼を混ぜて積む

多くの刀匠は、鍛造法として、世界中でも独特の折り返し鍛錬法を採用している。その概要を語り、ひきつづいて刀を造る順序を説明する。

## 折り返し鍛錬

原料の玉鋼や、おろし鉄は塊状で、一定の形がない。これを赤熱し、槌打ちして、厚さ六ミリ(二分)位に薄く延ばし、水中に投じて脆くし、細かく割る。割れ具合いと割れ目の色で善悪を選別して、第3図のようにしてこの上に積み上げる。これを濡らした日本紙で包み、そのうえに藁灰を掛け、さらに耐火粘土の泥を掛ける。これを水中で加熱する。中心も表面も平均して赤めることがコツとされている。十分に加熱されると、炭素が鉄肌

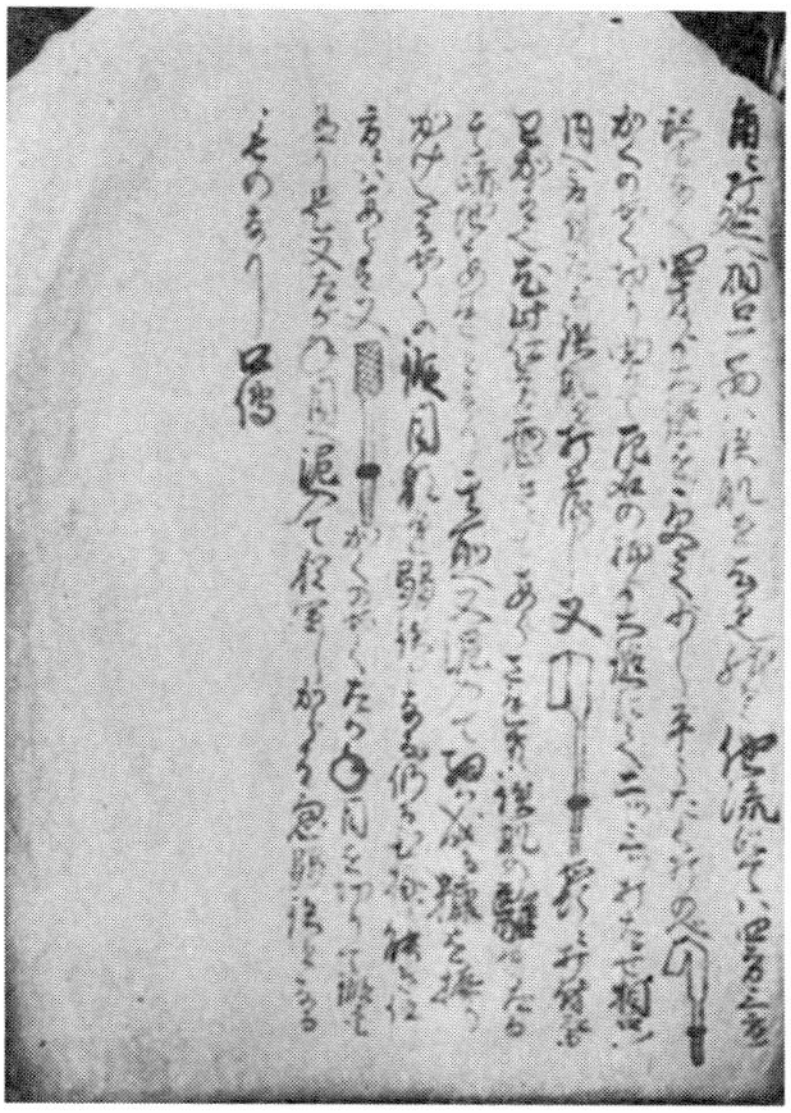

水心子正秀筆『造刀心得之伝書』
折り返し鍛錬の説明

（表面の酸化鉄）と化合して炭酸ガスとなり、それが外部に出るときに、ぐつぐつという音をたて、沸き返るように聞こえるので、これを「わかし」といっている。特に強くわかすのを大わかしと唱えている。

赤めた鋼は大槌で叩いて延ばす。延ばしたものは折り返す。折り返したものには、藁炭を掛け、さらにそのうえに泥を掛け、火中で加熱する。これを繰り返して実施する。この作業を鍛《きた》えという。鍛えによって、鋼の中の炭素は次第に脱けて、軟らかになり、ちょうど目的の硬さになった時に終わりとする。

折り返しの方法にいろいろのやり方があって、第4図のように、(1)短冊形に延ばして、中央から折る方法。写真は水心子正秀自筆『造刀心得之伝書』（一八二二年＝文正五年）の折り返しの説明である。(2)縦横に折り返す方法。(3)一回に三つ折りにする方法。(4)中央から切って、図のように積む方法、(5)手拭を絞る時のようにひねって延ばす方法などさまざまある。

さらに手を加えて、硬軟二種類の鋼を鍛えて、それを各種の形に切って、第5図のようにいろいろに積み上げて、さらに赤熱して折り返し鍛錬をする。これによって刀の表面に板目、柾目の肌模様が現れる。これを上《あ》げ鍛《きた》えと称し、第一回目の鍛錬を下鍛《したきた》えと唱える。鍛えのときに、合わせ目に鉄肌や炭・泥等が入ると、疵になるので、注意して作業をしなければならない。

鍛えるたびに、鋼は火花になって飛び散るので、はじめの原料の半分位に減ってしまう。世人は百煉するから、刀は硬くなると思っているが、刀は甲冑の上から切ったり、刀と刀を打ち合わせたりするので、あまり硬い鋼だと折れるから、鍛えによって、次第に炭素を抜いて、軟らかにし、炭素量を〇・七％位に下げて、刃に用いるのである。

**硬軟の鋼の組み合わせ**

刀の生命は、良く切れて、そのうえ折れが曲がらず、さらに美しくなければならない。それには刃の部分は硬くし、真ん中には軟らかい生鉄を入れる。刃の方は前記の方法で鍛え上げ、中に入れる軟らかい鉄は、原料の庖丁鉄を鍛えて造る。その中間の硬さの鋼も鍛えて、これらを巧みに組み合わせる。その組み合わせ方は、第6図のように二十一種類あるが、いままで判明したものは、他に十四種あり、合計三十五種類にもおよんでいる。

(1)軟らかい鉄を割って、硬い鋼を刃に入れたものを割り鋼といい、(2)硬いものと軟らかいものを二枚重ねて折り曲げたものを捲《まく》りといい、(3)甲伏《こうぶ》せというのは、竹を半分に割ったような硬い鋼の中に、軟らかい生鉄を入れる。(4)三枚合わせは、中央に硬い鋼を入れ、両側に軟らかい鉄をつけたものをいい、さらに複雑になって、(5)五枚合わせ、(6)七枚合わせ、(7)八枚合わせ、(8)九枚合わせなどがある。室町時代の村正《むらまさ》や祐定《すけさだ》に八枚合わせがあり、鎌倉時代の来国光に九枚合わせがあった。美濃の関の刀は、(12)のように棟の方に別の鋼をくっ付けてある。(11)四方詰めというのは、中央に軟らかい生鉄を入れ、刃と両側と棟の三方に硬い鋼を付けるので、その名前が生まれた。(13)の秋広、(14)信国、(15)備前春光、(18)備前康光、(21)金剛《こんごう》兵《ひょう》衛《え》盛高《もりたか》等は、新刀に比べて複雑な組み合わせをしている。古刀の反りが、新刀のそれと異なり、優雅な曲線をしているのは原因がここにあるのではないかと考えられる。なにしろ鋼は焼き入れをすれば伸びる性質を持っておるから、ほとんど全部の刀は反りがつくものである。新刀のように、単純な組み合わせでは、反りは直線に近くなり、無骨である。かつ複雑な組み合わせをする

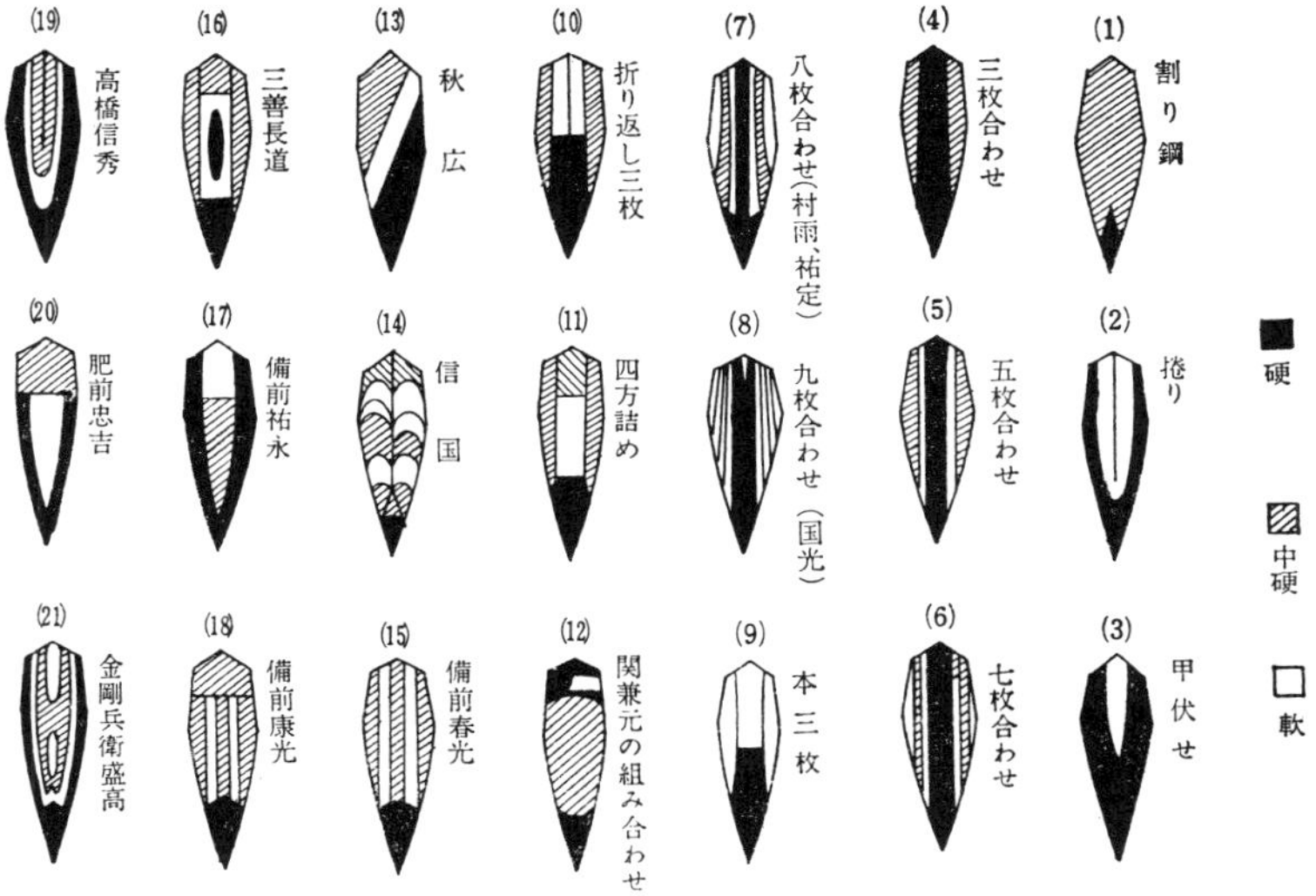


第６図　硬軟の鉄を組み合わせた図

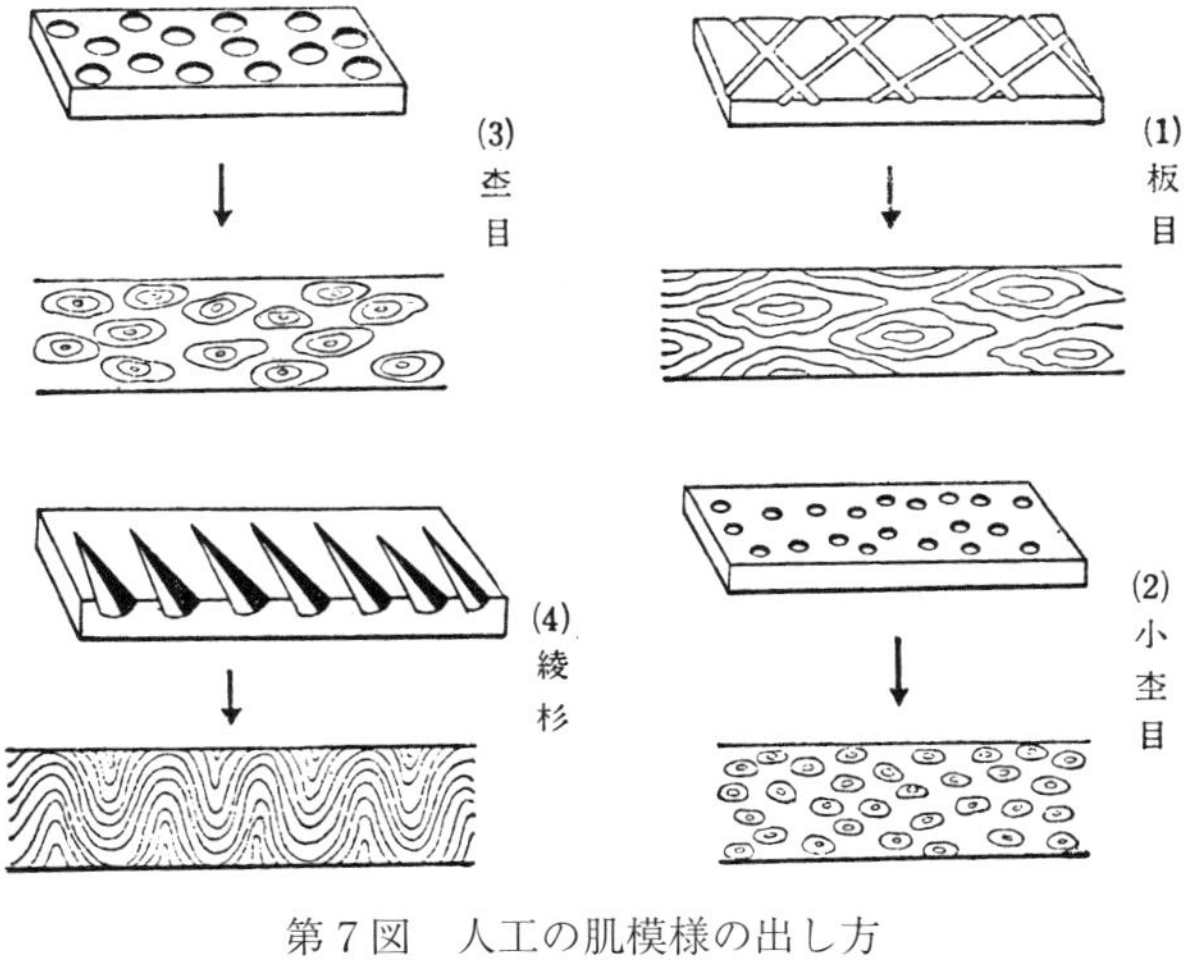


第７図　人工の肌模様の出し方

ほど、折れ難くなるので、古刀は見た目に美しく、使えば武用第一となって来る。組み合わせをする際にも、やはり藁灰と泥で包んで赤熱する。すると表面の酸化鉄は、藁灰と泥の中の珪酸と化合して珪酸鉄となり、割合に低い温度で熔けて、どろどろの硝子状になる。これを槌で激しく叩くと、珪酸鉄は火花となって、弾き飛ばされる。同時に清浄な鋼の表面が現われて、両面が接着することになる。刀鍛冶は藁灰と泥という簡単な鍛接剤を使用して、他になんらの薬品を用いずに目的を達している。このとき良く加熱しないと、鍛接が不十分で接着せずに、疵となって残る。

### 肌模様の出し方

組み合わせた材料を打ち延ばして刀身を造る時、ある種の加工をすると、特別に美しい肌が人工的に現われて来る。第7図のように、(1)鏨《たがね》で斜線を入れて打ち延ばすと、板目が鮮やかに出、(2)錐で小さな穴をあけると、小杢目《こもくめ》になり、(3)鏨で孔をあけると杢目になり、(4)丸鑢《やすり》で刃の方から削って置けば、綾杉肌が出る。以上は江戸時代の新刀、特に江戸時代末期に近づいた頃の刀匠のやり方であって、古刀はこうした人工を施していない。

刀の長さに打ち延ばしてから、刃の部分を薄くして刀の形に造る。この時まだ真直であって反りはついていない。これを銑《せん》で削り、鑢を掛けて、良く灰水で洗って、油気を落として、焼刃土を塗る。

### 焼刃土の調合

粘土と炭の粉と、荒砥の細かい粉を混ぜて造ったものが焼刃土で、刀の表面に塗って、焼き入れの効果を十分に上げる作用をさせる。これを塗らずに焼き入れをすると、水が沸騰して発生した気泡が、刀の表面に付着して、気冷するのを邪魔するために、その部分だけ焼きが入らない。土を塗ると、気泡は付着せずに、上昇するので、完全に焼きが入る。焼き入れの際、炭火の中に出し入れして加熱するから、塗った土が炭に擦られても、剥げないように、また亀裂を生じないように、注意深く造らねばならない。

造り方も各自、人によって差がある。江戸時代末期の山浦清麿は、京都の稲荷山の土を使って、木炭と荒砥の

第5表　焼刃土の調合法　⑴から⑺までは昭和の刀匠

| 番号 | 刀匠名 | 粘土粉 | 木炭粉 | 荒砥粉 | その他 |
|---|---|---|---|---|---|
| 1 | 東京の昭秀 | 一五〇匁 | 二〇匁 | 三〇匁 | |
| 2 | 関の兼永 | 七割 | 三割 | ナシ | |
| 3 | 水戸の正勝 | 盃に二杯 | 盃に二杯 | 盃に一杯 | 鉄砂$\frac{1}{3}$杯<br>伊予土粉七分目 |
| 4 | 金沢の正弘 | 一升 | 二合 | 二合 | 焼硼砂少量<br>膠少量 |
| 5 | 柳川の久国 | 一〇 | 三 | 五 | |
| 6 | 熊本の宣繁 | 二 | 二 | 一 | |
| 7 | 越後の家光 | 一八匁 | ナシ | 一五匁 | 瀬戸物の粉六匁 |
| 8 | 山浦清麿 | 一 | 一 | 一 | |
| 9 | 水心子正秀 | 一合 | 一合二勺 | 一合五勺 | |

粉を等分に入れ、乳鉢で目薬ほどずつを、ごくていねいに煉り合わせよと、弟子に教えている。用いる土も国によって異なり、肥前の忠吉は、その近くのちりくち山の土を用い、関の刀匠は現在の関駅の近くの山の土を使い、相州の綱広は、鎌倉付近の川から出る粘土を使っている。木炭の代わりに、茶碗の欠けを粉にしたのを用いる人もいるし、あるいはさらに鉄肌《かなはだ》を粉末にしたものを混ぜたりする人もある。水心子正秀は石堂是一の弟子になって、九年も費やしたが、備前三郎国宗《くにむね》の焼薬の秘伝を教えて貰えなかった。後年それは墨汁の中に、焼硼砂を混ぜて、筆で刀の表面に塗るのであったと、『剣工秘伝誌』に書き残した。

焼刃土の調合によって、沸《にえ》出来の刀も出来、匂出来のものも造れるので、各流各派にわたって、土の調合が違っている。一人々々の刀匠が独特の土を持っているほかに、造る刀によって焼刃土を変える。これらの調合法の代表的なものを第5表に掲げた。

### 土置き

調合した焼刃土に水を入れて、適当の粘さに煉ってから塗る。鉄へらで塗る人（写真参照）、竹へらや筆を使う人、あるいは型を作ってそれを刀に当てて、土を塗る方法、または針金を輪にして土

土置き　鉄へらでぬっているところ

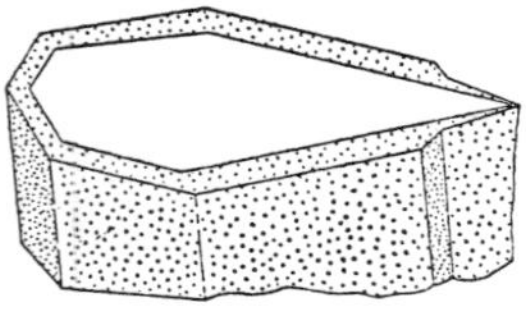

第８図　焼刃土の置き方

を置いて行くやり方等さまざまある。

塗り方は、刃にする部分は薄く塗り（第8図参照）、地の方は焼きが入らないように厚く塗る。この塗り方で、刀の刃に直刃とか、乱れ刃が現われて来る。塗る模様は千差万別、それこそ何百種類あるかわからない。写真は沼田直宗の『剣工談』（一八〇六年＝文化五年）の土置きの図を示し、第9図は代表的な土取りの図を九種類出した。同じ三本杉でも、初代の関の孫六の物と、四代五代のものは土取りが違っている。直刃といっても、忠吉と国広は違った置き方をしなければならない。

**焼き入れ**

土を塗り終わったら、刀を静置してゆるやかに乾燥してから、焼き入れ作業に取りかかる。細長い刀を、各部分均等に赤めることは、頗る難しい仕事で、万一どこか一個所赤め過ぎると、たとえこれを冷まして温度を下げても、そこは他の部分より粒子が大きくなって、下品な荒沸《にえ》がつくので、刀匠は焼き入れの時は、全精神を統一して取りかかる。

火の色を誤らないために、明るい太陽の光の下では焼き入れをしない。雨の日と、お天気の日では、焼き入れする刀の色が変わって見えるからである。日中なら戸を閉めて暗くする。多くは夜中に焼き入れをする。

備前伝では焼色は小豆色、または蘇芳色《すほういろ》といい、相州伝では行燈の火を紙に透して見た色とか、あるいは夏の夜の山の端から出る月の色と表現している。

焼きを入れる前に、刀を小槌で小半日も叩く人もあれば、焼き入れ温度位に熟して、藁灰の中でゆっくりと冷却するという秘伝もある。これは内部歪《ひずみ》を除いて、焼き割れや、曲がりを防ぐためである。

相州伝には二段焼きといって、はじめに普通より高温に焼き入れし、次にそれより低い温度で焼き入れをする。

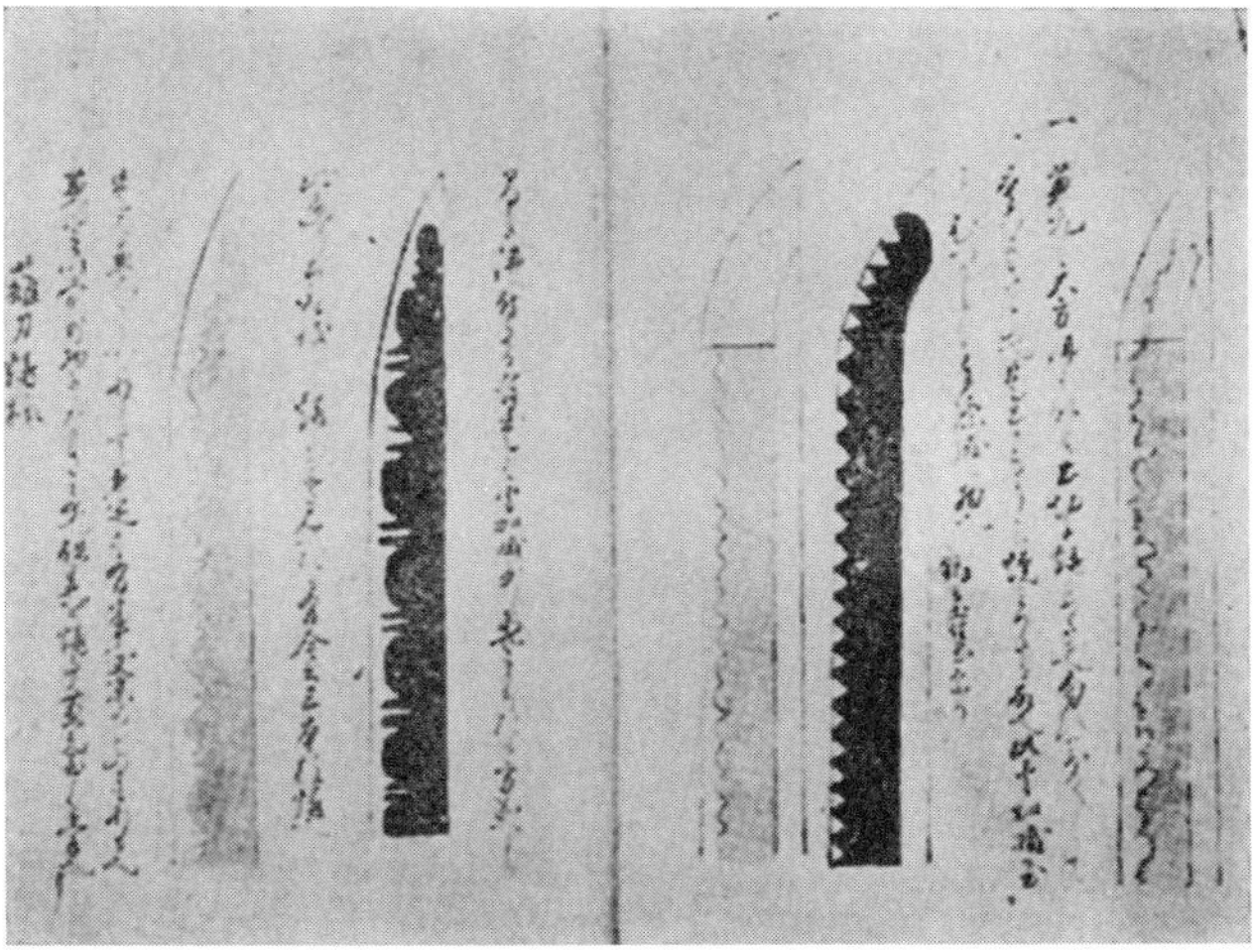

沼田直宗著『剣工談』土置きの図

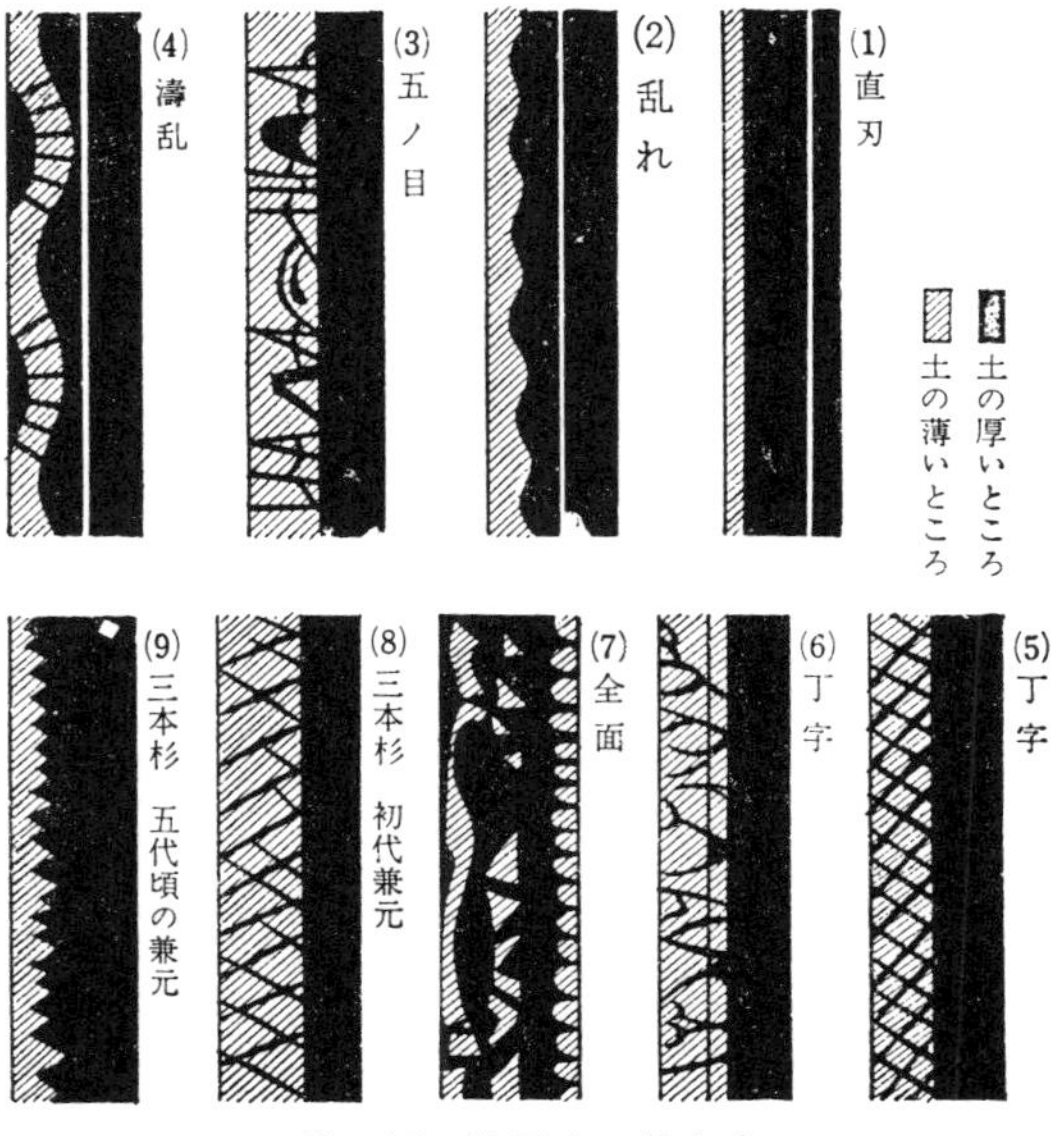


第9図　焼刃土の塗り方

これをやると沸出来の美しい刀が出来ると同時に、真ん中に入っている生鉄が緻密になって折れない刀が出来る。鎌倉時代の了戒（一二九三年）の刀を、切断して金属顕微鏡で調べた時、この二段焼きが施されていた。この焼き入れ方法は現代でも飛行機や自動車の部品の焼き入れに実施されている。

**湯加減**

焼き入れする水の温度を湯加減といって、一般の人たちは、刀の秘伝といえば、湯加減にあると考えられているが、それはわずかに秘伝中の一少部分に過ぎない。この温度は、夏の川水の温でよろしいという人と、それより少し温かい人肌、すなわち人間の温度位が良いという者、あるいは四十度位を主張する人もある。中には湯の中に、わざと泥やソーダを入れて、急冷による焼き割れを防いでいる刀匠もある。熊本県の同田貫《どうたぬき》は、切先が早く冷め過ぎて割れる恐れがあるので、切先の入る部分だけ熱い湯を注ぎ込んでいる。

焼き入れをした後、焼き戻しをして、粘性を増させることはいうまでもない。

焼き入れによって反りが多く付き過ぎると、棟を槌打して伏せ、反りが足りない時は、銅を赤く熱して、棟に噛ませて温めてから、水を掛けて冷やすと、だんだん反りが付いて来る。これは棟に焼きが多少入って伸びているのを、加熱によって強く焼き戻しをかけると、寸法が縮まるという原理を、刀匠は経験によって知っていたからである。

これを研ぎに掛けて、砥石を次第に細かくして、あの美しい刀身の模様を出している。

**神文誓詞《しんもんせいし》**

刀匠が弟子入りする時は、神文誓詞を師匠に納める。いまある文献は、一七九一年（寛政三年）の物が古い方で、江戸時代末期に厳しく実行されたらしい。水心子正秀が山村綱広に入門した時の神父を見ると、入門されたことを感謝する旨を書き、次に御伝授の秘伝は、たとえ親子兄弟でも決して他言しません。もし背いたら神罰を蒙る者也と誓っている。福岡県柳川の武藤家にある神文は、秘伝を漏した場合は、神罰によって子孫永く断滅すべしと書いてあった。こうした厳粛な気持ちで技術の習得をしたものである。

また刀は武士の魂として尊重され、家累代の家宝ともされたので、造る方としてはそれだけの責任を感じ、斎戒沐浴し、仕事場には七五三縄《しめなわ》を巡らし、神様を祀って、清浄な精神で鍛錬焼き入れに当たったものである。

## 五　日本刀と現代科学

科学の進歩した今日、昔の人のやった刀の製法は、全部わからんはずがあるまいと、誰しも一応は考えるだろうが、日本刀に対してだけは現代の科学は威力不足で、未だ全部を研究し尽くしていない。明治の末年から大正にかけて、私の先生である故俵国一工学博士は、当時の東京帝国大学で、刀剣の科学的研究に従事され、かずかずの秘密を発見究明されたが、古刀を再現するところまで進まずして、研究は中絶された。先生は晩年これを大いに惜しんでおられた。昭和の初期、日本製鋼所の蒔田宗次理学博士は、その工場で刀を造っていた私の師匠の堀井俊秀師を相手にして、研究され、相当のところまで解明された古刀の一番難しいところは掴み得ずに終わった。京都大学の近藤真澄理学博士の『東洋錬金術』も、古刀製法の秘伝には触れてない。戦争中九州帝国大学工学部に日本刀鍛錬所が設立され、靖国神社には鍛刀所が建設されて、新しい研究をされたが、古刀は秘密の扉を堅く鎖していた。最近では毎年一回、東京国立博物館で全国の刀匠百人余が、作品を出して技量を競っているが、依然として古銘刀の秘伝は謎の中に包まれている。こういう私もその研究に一生を尽くしているが、未だに物にならずわが微力短才を嘆くのみである。

（注）本文を草するに当たって、工学博士俵国一先生著『日本刀の科学的研究』および文学博士本間順治氏著『日本古刀史』を参考引用し、図面写真等を転載させていただいた。また本研究は服部報公会、岩垂奨学会の御援助で完成したものである。合わせてここに感謝の意を表したい。

（朝日新聞社「日本科学技術史」）

# 宮本武蔵と厨子の耕介

### 研師厨子の耕介とモデル

「刀剣工芸」先月号、内田疎天先生の「大衆作家と日本刀」を大変面白く拝見した。其終りの方に、吉川英治先生作「宮本武蔵」の「刀談議」の中に出て来る日本刀観を、筆を極めて褒めて居られる。此の「刀談議」は、研師厨子の耕介と武蔵との談話である。其研師たるや実は斯く申す私がモデルであり、私の直話が文豪の筆によって出て来たものである事を御報告申上げる。私は神奈川県逗子町に住んでゐるから、文字を変へてこうした名が附けられた。茲に揚げた写真は、吉川英治先生からの手紙に、此の署名は今に判ると書いてあったものである。数日を出でずして朝日新聞に研師となって現れて来た。自分がモデルになって活躍させられるのは、決して愉快なものでないから、其旨を書き送った。御会ひした折これに対して、気分を悪くしない様にと云はれた事がある。

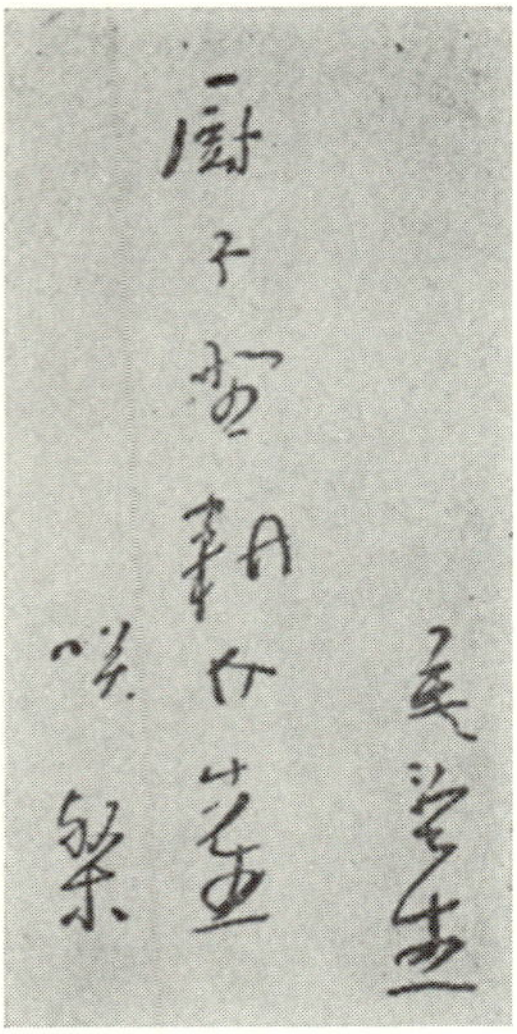

### 大衆作家と日本刀

日本刀を大切にする思想を、全国民の間に徹底させるには、小学校の教科書に之を入れるのが第一である事は福山市の刀匠小林宗光先生の持論であった。幸ひにして幾多の職者の運動によって、一昨年から国定教科書巻十一に「日本刀」なる題目で掲載された。それを見て非常に喜んだ。唯々文中意見を異にする部分が少しばかりあったので、それを指摘した一文を、当局に差出した所、次の機会に訂正すると答へられたので満足して引下った事もある。

さて小国民に対する多年の願望が成就したからには、成人に対して、如何にして真の日本刀思想を鼓吹するかを考へねばならない。従来の誤れる日本刀観は、主として大衆作家から生じてゐる。例へば村正妖刀説の如きは江戸時代の文豪から一般人に流布したもので、頗る愛刀思想の邪魔になってゐる。依って現代の大衆作家に、此の仕事を御願ひする事が、捷径であると考へ、白羽の矢を「宮本武蔵」の作者に立てた。

**宮本武蔵と刀**

朝日新聞連載の「宮本武蔵」を読んでゐる中に、次の事に気が附いた。

一、一乗下り松激戦で、武蔵の刀は欠ける可き筈なのに刃が欠けたとは書いてない。

二、本阿弥光悦と会ってゐる場面に、光悦が研師である事が、何等書いてない。

三、武蔵佩用の刀を同田貫又は胴田貫と書いてある。

右の中、一の刃の欠けない事は、現代作家の通弊で、本当の戦争を知ってゐる昔の人は、必ず刃が鋸の様になったとか、さゝらの様になったとか、弓の如くに反ったとか云って、激戦の有様を描写してゐる。而るに実際の斬合を見た事のない現代人は、スパリ〱と切って刃が何ともならない様に考へてゐる。況や真の日本の精神など、却々掴み難いらしい。是は吾々専門家の方で、提供すべきものであると思ったので、友人の紹介で吉川先生にお会ひする事にした。

**吉川先生の風手**

眼光炯々とした、頬骨の立った、鋭い言葉で肉薄して来る人だった。書斎と廊下にギッシリ並んだ書物は、大体七千冊程である。是だけ読んで居られる事には少からず驚いた。原稿の催促者が徹夜で待ってゐるのを見て、文筆の仕事の如何に苦しいかを知った。

日本刀の話をやってゐる所へ、海音寺潮五郎先生が来られた。イガ栗頭の弁慶の様な感じがした。此の御両所

の話は、

「日本刀の事を小説に入れると、屹度斯道の専門家から実に細かい文句をつけて来る。返事をしないと書留で詰問状を寄越したりして、実に五月蝿い。それで吾々作家の間では、刀には触れない方が無難だと考へてゐる。」

即ち刀の研究迄手を延ばす事の出来ない作家に、悪口を云ふ人は多いが、教えて呉れる親切な人が無いという事になるらしい。そこで、今後万一文句をつける人があるなら、私が代って返事をするから、ドン〳〵書いて、本当の日本刀精神を伝へて載く事にしたのである。其時から二、三回お会ひしたが、その話を一度で記憶して居られて、彼の「刀談議」の名文になって了った。甚だしいのは、諏訪神社や大山祇神社の宝刀の錆びてゐる数までハッキリ記憶して書かれたのには、敬服して了った。其上、私の顔つき動作まで詳細に書かれ、挿絵まで私の顔ソックリなので、友人に冷かされる事が度々ある。困る時もあるし、得意になる時もある。

其後、作られたのが講談倶楽部の「山浦清磨」であって、此時は私一人の手では負へないので、藤代義雄さんに御出場を乞ふて、説明をし、実物を持って行って貰った。山浦清磨の最後については、私は割腹自殺説、藤代さんは毒を呑んだ説を出され、右の小説では毒の方を採用された。其終りに藤代さんと私に感謝する旨が書いてあり、且、御礼の品物迄贈られて恐縮した事がある。最近清磨の建碑計画が発表されたが、吉川先生にも一役買って貰ふ必要があらう。

### 画家と日本刀

内田疎天先生も日本刀の画が、誤って書かれて居ると指摘されたが、全く大賛成である。新聞の挿絵を見てゐても、正しく横手筋を書いた刀がない。当代一流の挿絵画家たる中村岳陵先生が同じく逗子の町に住んで居られる。其知人に刀の画が間違ってゐると話したら、早速会ひたいと云って来た。喜んで出掛けて行ったら、未だ若々しい白い顔の人であった。横手筋の説明をした所、成程と云はれた。間もなく正しい刀が書かれる様になって来た。其後、美濃の関へ行って鍛刀場を見られ、刀を鍛えてゐる下図を書かれた時、私の家へ来られて、正しいかだうかと聞かれた。一流人の物に対する態度の真剣さに、頭が下がった。

**他の作家と日本刀**

内田先生の所へ人を派して、刀の話を聞かれた人は誰方か判らんが、白井喬二氏か、村松梢風氏かであるまいかと、思ふ筋がある。それは白井喬二氏の「日本刀」は唯一回しか出てないが、とても巧いものである。村松梢風氏は、一度雑誌「話」の座談会で一緒になった時、日本刀に対して余程興味があると見えて、「いつか刀を聞く会を開き度い」等と云はれた。それから間もなく朝日新聞の「太平天国」に我馬蔵が、支那へ日本刀を輸出した事を書かれた。

此他に中里介山と云ふ大家がある。鑑定の場面を描写して「イヤ」とか「当り」とか云っている。之を見て福岡の松本勝次郎先生が、舌を巻いて感服して居られた事を思ひ出す。

相馬御風先生は「私は刀が恐ろしい気がして書けない」と云って居られた。是は困った事である。相馬先生から大仏次郎氏に昭和十三年に紹介状を貰ってあるが、未だ訪ねて見ない。一度行って大衆作家の日本刀に対する役割の重要性を認識して貰はうかと思っているが、ナカ〳〵機会が無い。

一人々々は面倒だから、一度在京の大衆作家に集って貰って、刀を造る所、研ぐ所、外装の場所、それに名刀を見て貰って、夫々の大家から説明して上げたら、御互ひの為になると思ってゐる。

（「作刀研究」昭和十五年七月第一巻第三号）

# 玉鋼

草薙剣の神話で、世に知られている、出雲の国斐《ひ》の川の上流から、世界で最も純粋な炭素鋼、玉鋼《たまはがね》が産出される。戦時中は日本刀の原料として、四十五ケ所の工場が生産していたが、敗戦後はパッタリと止まった。日本刀の切味が良いのは、原料たる玉鋼が優れていた事が、大きな原因である。

元来鋼は、炭素と鉄の原子が結合したものであるが、此の他に満俺、硅素、燐、硫黄等不純物が入って来る。混り気のあるものは、脆くなるから、製鋼業者は之を出来るだけ、取り去る様に努力するけれども、それには限度があって、或程度以上はどうしても取り除く事が出来ない。

入っている物を取り去るよりも、始めから不純物の少ない優秀な原料を使うのが、最も確実である。出雲産の砂鉄は、純良さに於て、先ず第一条件を満たして呉れる。火山国である日本にはこれよりも良い鉱石は探し出せない。第二には精煉する時の燃料に、不純物の無い物を使わねばならぬ、硫黄分の多い骸炭でやっては、絶対に優秀鋼の製造は不可能である。玉鋼は昔から木炭で精煉される。第三の条件として精煉温度が低い事で、高温になると、炉の壁等からも、悪いものが入って来る。幼稚な方法であり乍らも、優秀鋼の出来るのは、この点に存在している。現代の方が、昔よりも、科学が進歩したのに、昔の方法が何故良いかという疑問に対して、以上三つの説明を挙げる必要がある。

こうした作業を実施して、米、英、独、仏、さては瑞典でも、製造する事の出来ない様な珍しい優秀鋼を作るのは、一かどの科学者か、大学を卒業した技術者かと思うと、さに非ず、科学の科の字も知らない六、七十歳の老人であって、「ムラゲ」と呼ばれる。今の言葉では工場長であるが、其の語源は明らかでない。何か古代に大陸から入って来た様な、異国風の匂いがする。此の他に銑鉄に対して「ヅク」と云う言葉があり、「玉鋼」を作る炉を、「タタラ」と云い、鋼塊を「ケラ」と云っている。何れも外来語らしい調子があって、古代の製鉄法が、仏教や、文字と共に、朝鮮半島を経由して、入って来た様な気がする。

希臘のアリストテレスの書いた物の中に、黒海の南岸地方で、川底の砂鉄を採って、鉄を作るとある。此の地方に近いダマスカスから出土する古代の刀剣に、日本刀と同じ様な柾目、板目の模様が出ている。之を取り上げて、キャプテン・チャールズ氏は、ダマスカスの刀と、日本の正宗の刀とは関係があると論じている。或はそうかも知れない。

是等の地方には、古代の方法は絶滅して了ったのに、我国だけは、綿々として千年以上も伝え、今に及んでいる。「ムラゲ」と呼ばれる老人は、出雲の山中に、二、三人生き残っているが、一種の国宝的存在で、無形文化財として保存したい技術である。

玉鋼を造る仕事は、三日三晩、七十二時間の継続作業で、従業員は此間家へ帰らず、工場の中で暮す。作業の間に休息時間があるから、其の時ゴロリと横になって眠る。仕事があると真夜中でも起き上がって炭を投入したり、砂鉄を入れたりする。工場は厳重な女人禁制で、お弁当を持って来る妻や娘は、入口で渡している。七十二時間の作業が終わると、高さ三尺、長さ六尺程の炉を取り壊す。中に畳一枚位で厚さ一尺余の、「ケラ」即ち鋼塊が出来ている。普通に鋼を造るには、鉱石から銑鉄を造り、それから鋼を造る二段作業であるのに、玉鋼は砂鉄から、直接に鋼を造る一段作業である。理窟は良く判らんが、こうした作業が、純粋無比の鋼を産み出す原因かも知れない。

独逸で日本刀を分析した所、モリブデン（水鉛）やタングステンが入っている事が判り、之を大砲に利用したと云う話が、中年以上の日本人の間に伝わっている。第一次大戦頃に流布された話であり、何かしら日本人に驚きと、誇りを与えたものである。けれども此の伝説は誤りであって、独逸に於て之に関する研究論文は一つも無い。独逸に無いだけでなく、我国に於ても、之に関する論文は一つも発見出来ない。工学博士俵国一先生が、沢山の日本刀を分析されたが、タングステンや、モリブデンは、含有されていなかった。私は一度タングステンの入った鋼で日本刀を造らせたが、三流以下の鈍刀になった。誠に不思議な科学的神話で、其の発生地が今尚判っていない。

玉鋼は純にして純なる点に、世界最高の栄誉があるので、五郎正宗の良さも、純粋さから来ている。従ってこうした鋼で、刃物を造るなら、世界一になる事は易々たるものである。天皇様の髯を剃る剃刀が、独逸ゾーリンゲン市ヘンケル会社製で、日本製のものは悪くて使用出来んと聞いて、刀鍛冶に依頼し、造らせて見た。十五年程使った床屋の話では、断然独逸製よりも、切れる。どんなに高い金を出した舶来物よりも良いと褒められた。或板前に玉鋼で刺身庖丁を造ってやった。十人前の「あらい」を取る積りで鯉を切ると、今迄の庖丁より薄く切れるので十二人前取れ、其の上お客に喜ばれる。あらいは薄い程美味しいからである。芸術大学で木彫を教えて居られる平櫛田中さんは、玉鋼で造った刃物で無ければ、使えないと云われる。

こうした世界一の鋼が我国に産し、これを使った刃物が世界最高の切味を出し、輸出品として有望であるという様な事は、殆ど誰も知らない。貧乏な日本にとっては誠に惜しい事である。

（「文芸春秋」昭和二十七年三月特別号）

# 玉鋼の利用にとりくんで

## 玉鋼と日本刀

日本刀《にほんとう》とか刀《かたな》といえば誰もが美しい姿やすばらしい切味を思い浮かべるであろう。実際日本刀には驚くほど切れた実例も書き残されているし、代々大切に保存されてきた名刀の価値は日本ばかりでなく、外国でも高く評価している。このようなすぐれた日本刀の原料が玉鋼《たまはがね》である。神話時代から日本人の心と生活の中に溶けこんでいる日本刀は、ほとんどの人に知られていない玉鋼から生まれたのである。玉鋼の話を進めるには技術的な面とともに、歴史の背景もあわせて理解していただきたい（写真1参照）。

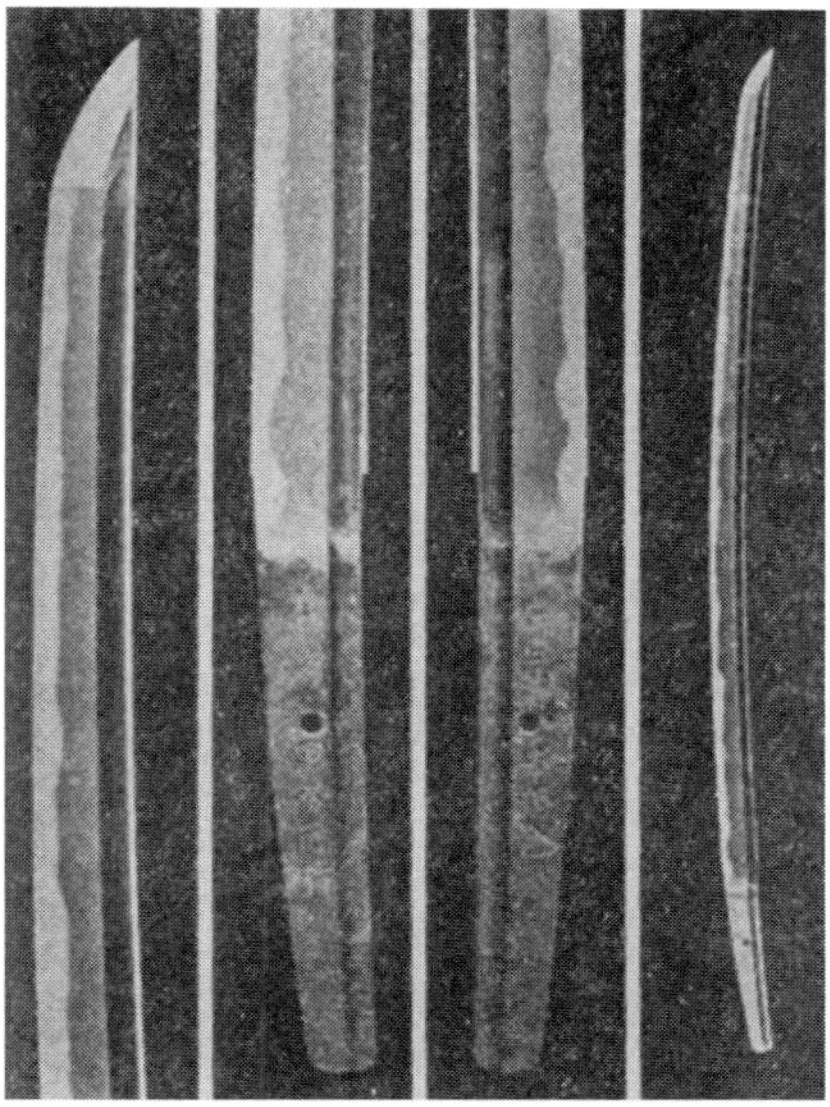

写真1　日本刀・国宝正宗

## 玉鋼の歴史

鉄や鋼をつくる技術は日本で発明されたものではなく、大昔、刀剣や鉄製品は中国や韓国から輸入したのである。海を渡ってきたこれらの品物については、古墳の中から掘り出されたり、記録が残っていたり、有名な神社や仏閣に現品が保存されていて、当時の事情を物語っている。やがて製品ばかりでなく鋼や鉄のつくり方も伝わり、技術者もやってきた。日本の神話の中には須佐男命《すさのおのみこと》が出雲《いずも》の斐《ひ》の川《かわ》の上流で八岐蛇《やまたのおろち》を退治し、切り殺した八岐蛇の尾から剣をみつけて天照大神《あまてらすおおみかみ》に献上した話がある。この話は武器をつくる豪族を平定した事件を象徴するものと解釈され、神代の時代すでに日本に製鉄の技術や鉄鋼の加工技術が渡来していたものと考えられる。文献によると応神天皇のとき韓国から鍛冶卓素《かぬちたくそ》が日本に来て技術指導を行ない、唐鍛冶《からかぬち》の先祖となったとか。佐備大麻呂《さびのおおまろ》が茨城県若松浜で、砂鉄で刀をつくったという記事が千年ほど前に書かれた常陸風土記にも見受けられ、そのほかにも鉱山の仕事や、武器製造に貢献した帰化人の活躍がたくさん示されている。こうした記録をみると、当時の技術導入がいかに盛んであったかが偲ばれる。そのころすでに鋼をつくる専門家と、できた鋼を加工する技術者は、はっきり分かれていた。時代が経つにつれ、わが国に伝来した技術は改良され、各地に広まって増える一方の刀剣、農具、刃物などの要求を満たした。中でも出雲地方（今の島根県）の鋼は品質がすぐれていたので、いつの時代でも珍重されていた。八岐蛇の話の舞台が出雲である点と結びつけて興味深いものがある。

刀の形は最初古代の中国や韓国と同じようにまっすぐ直刀《ちょくとう》とか剣《つるぎ》と呼ばれる姿であったが、平安朝の初期に反りのついた日本刀特有の形が発明された。いくつかの戦乱に会い、時代の変化を受けながら、われわれの先祖は玉鋼のつくり方や、美事な刀を多数残してくれたが師匠筋の中国や韓国ではいつの間にか技術が衰えて、すっかり消えてしまった。

## 玉鋼のつくり方

玉鋼は島根県の山の中で採れる砂鉄を、木炭と一緒にタタラという古い形式の炉で吹いてつくるが、この作業は日本だけにうけつがれた。千年以上の伝統を持つ独得な技術である。タタラは粘土で四角く炉を築き、下からフイゴで風を送るようになっている。木炭を入れて火を起こし、充分温度を上げてから木炭を入れては砂鉄をふりかけ、また木炭を入れ、砂鉄を足す仕事を繰り返して加熱を続ける。このとき使う砂鉄は真砂《まさ》と呼ばれ、スエーデンで採れる鉄鉱石とくらべて勝るとも劣らない良質な砂鉄である。経験からとはいえ、こんなにすぐれた鉱石を見つけ出した昔の人の偉さには、頭が下がるばかりである。熱せられた砂鉄は炉の中で酸素を失って純鉄となり、ただちに炭素を吸収して銑鉄に変わる。銑鉄は溶融温度が低く、一三五〇度くらいだから滴《しずく》のように落下して炉底に溜る。その表面に風が当たる。すると銑鉄の中の炭素が燃焼して鋼となる。炉の温度は高いところで一四五〇度くらい、温度が低いので鋼は半熔融状態になっている。だんだんと積み重なって厚くなるに従い、村下《むらげ》と呼ばれる工場長は、風の方向を変えて、つねに表面に風を当てるようにするから、ますます鋼は厚くなってくる。三日三晩、七二時間吹き続けると、炉壁が薄くなって炉の寿命が尽きる。工員は長い鈎で炉を崩す。すると炉底に鉧《けら》という鋼塊ができている。畳一枚ほどの大きさで厚さ約三十センチ、重さは二トンに達する。熱い鉧は池の中に放り込んで冷やし、冷えた塊は小さく割ってしまう。

昔は鋼をつくった村の名前をとって出羽《いずは》とか、千草《ちくさ》とか印賀《いんが》の鋼といっていた。つくるところでは、品質に

写真2　玉　　鋼

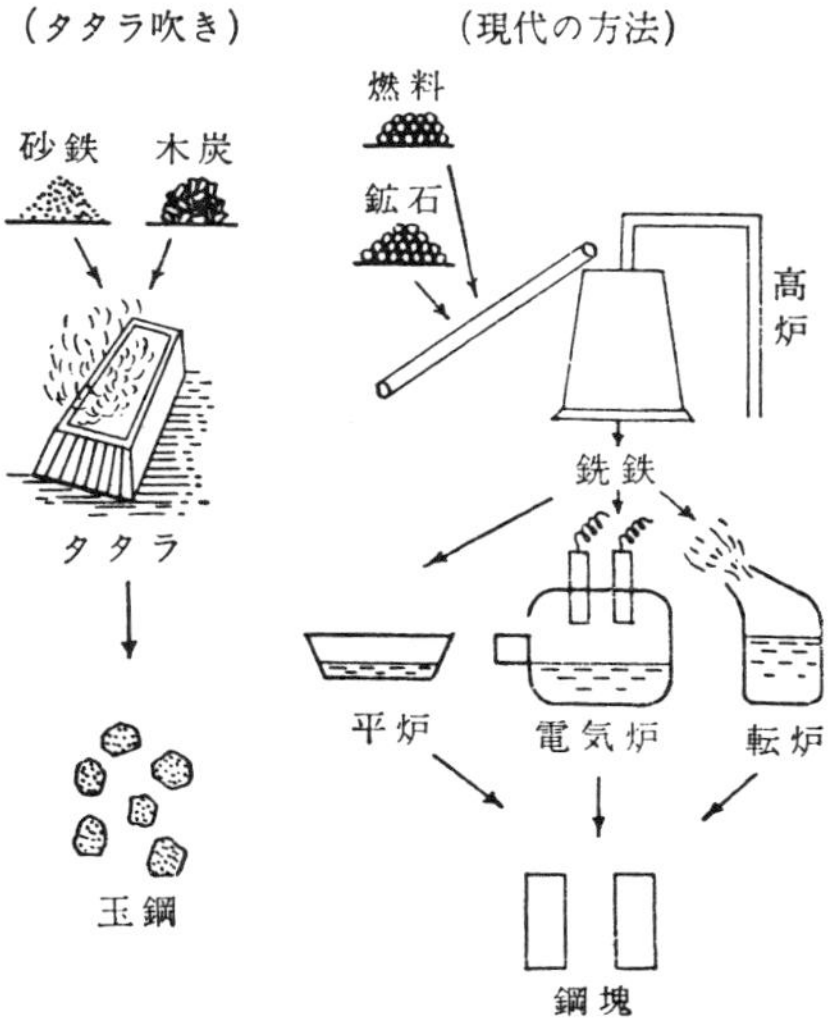


図1　製鋼法の比較

よって等級を付けたり、四方白《しほうじろ》、目白《めじろ》、砂味《じゃみ》などの名称を用いている。明治の初め、海軍の工場で大砲のタマをつくる材料に使ったことから、玉鋼と呼ばれるようになったものである。外見はコークスの塊に似ている（写真2参照）。

タタラではこのほか若干の銑《ずく》がとれる。品質の悪い鋼や、小さい屑を集めて脱炭させて打ち伸ばした板状の庖丁鉄という軟らかい鉄も生産される。学者は玉鋼を和鋼《わこう》、庖丁鉄を和鉄《わてつ》、タタラでつくった銑を和銑《わせん》と呼んでいる。

タタラ吹きの特徴は、鉱石からすぐ鋼が生まれることである。現代の製鋼法はまず高炉《こうろ》を使って鉱石から銑鉄をつくり、つぎに転炉《てんろ》や電気炉《でんきろ》や平炉《へいろ》の中で加工して、鋼や鉄を得る二段方式である（図1参照）。

**玉鋼のよさ**

鋼のよしわるしは純度をくらべればよい。不思議なもので、鋼の中には主要成分の鉄と炭素のほかにごくわずかな量であるが珪素、マンガン、燐、硫黄などさまざまな異物が含まれている。こうしたわずかな混ざりものは、いずれも鋼の性質を悪くする不純物である。鋼をつくる人たちは不純物を減らすのに苦心する。よい鋼をつくるにはどうしたらよいのか。それは不純物の入る途をとめればよい。第一に鉱石のよいものを選ぶ。第二に燃料を吟味して不純物の少ない木炭を使う。第三に不純物の少ない炉材を使用する。

スエーデンの鋼がすぐれていることは定評があり、刃物、工具、ベアリングなども優秀品が多い。これを調べてみると鉄鉱石のよいのが採れること、木炭に恵まれ、しかも炉材を吟味するのが大きな理由である。一方わが国のタタラ吹きをみると、スエーデンの鉱石よりもよい砂鉄を木炭で処理し、しかも一回の低温加熱で鋼が生まれているから、玉鋼の方がスエーデン鋼より不純物が少ない。玉鋼は世界で一番優秀な鋼である。世界にほこる日本刀ができたのもうなずけるであろう。

玉鋼を分析してみると驚くほど純粋で、現代のどんな鋼もかなわない。表1は玉鋼の分析結果と、その他の鋼

**表１**　玉鋼と他の鋼の化学成分の比較（%）

| 鋼種＼成分 | 炭素 | 珪素 | マンガン | 燐 | 硫黄 |
|---|---|---|---|---|---|
| 日本工業規格<br>炭素工具鋼２種（ＳＫ２） | 1.10～1.30 | 0.35以下 | 0.50以下 | 0.030以下 | 0.030以下 |
| 日本の刃物鋼 | 1.30 | 0.20 | 0.27 | 0.011 | 0.003 |
| スエーデンの刃物鋼 | 1.42 | 0.20 | 0.26 | 0.015 | 0.011 |
| 玉鋼　(1) | 1.23 | 0.01 | こん跡 | 0.009 | こん跡 |
| 玉鋼　(2) | 1.43 | 0.02 | こん跡 | 0.011 | こん跡 |
| 玉鋼　(3) | 1.15 | 0.023 | こん跡 | 0.018 | こん跡 |

の成分を比べたものである。日本の刃物鋼、スエーデンの刃物鋼はともに一級品に属する。

これで見るとおり、玉鋼は不純成分がきわめて少ない。工藤治人博士は電解鉄やアームコ鉄などの、いわゆる純鉄とくらべても玉鋼の方がより純度が高いと発表された。結局この清浄さが日本刀の切味と美しさを出した大きな原因である。現代の鋼で刀をつくってもあの独特な刃紋や、美しい肌模様は決して表われない。

**玉鋼研究の動機**

新潟県三条市は金物の街として知られている。古くからここには小さな工場が沢山あって、刃物や金属雑貨をつくり出していた。ここで刃物問屋をやっていた父は、第一次世界大戦のころ積極的に海外へ進出し、ロシア、東南アジア、アフリカへ刃物を輸出していたが、戦争が終るとドイツは旧販路を取り返しにやってきた。少しずつ押し返され、ついに大正十一年には競争に敗れてしまって、父の商売も左前となった。

この年に旧制高等学校を卒業した私は、父の苦労を眺め、何とか仇討をしたいと思案し「日本には世界一の日本刀がある。日本刀のつくり方を調べて刃物に応用すれば世界一の刃物が生まれるであろう。そうすればドイツと競っても勝てるはずだ。」との結論を下した。それ以来、日本刀のつくり方の研究に進む決心をした。運よくアルバイトの口があったので、学資を調達しながら旧制東京帝国大学（今の東京大学）の文学部国史学科へ入学し、日本刀の歴史を調

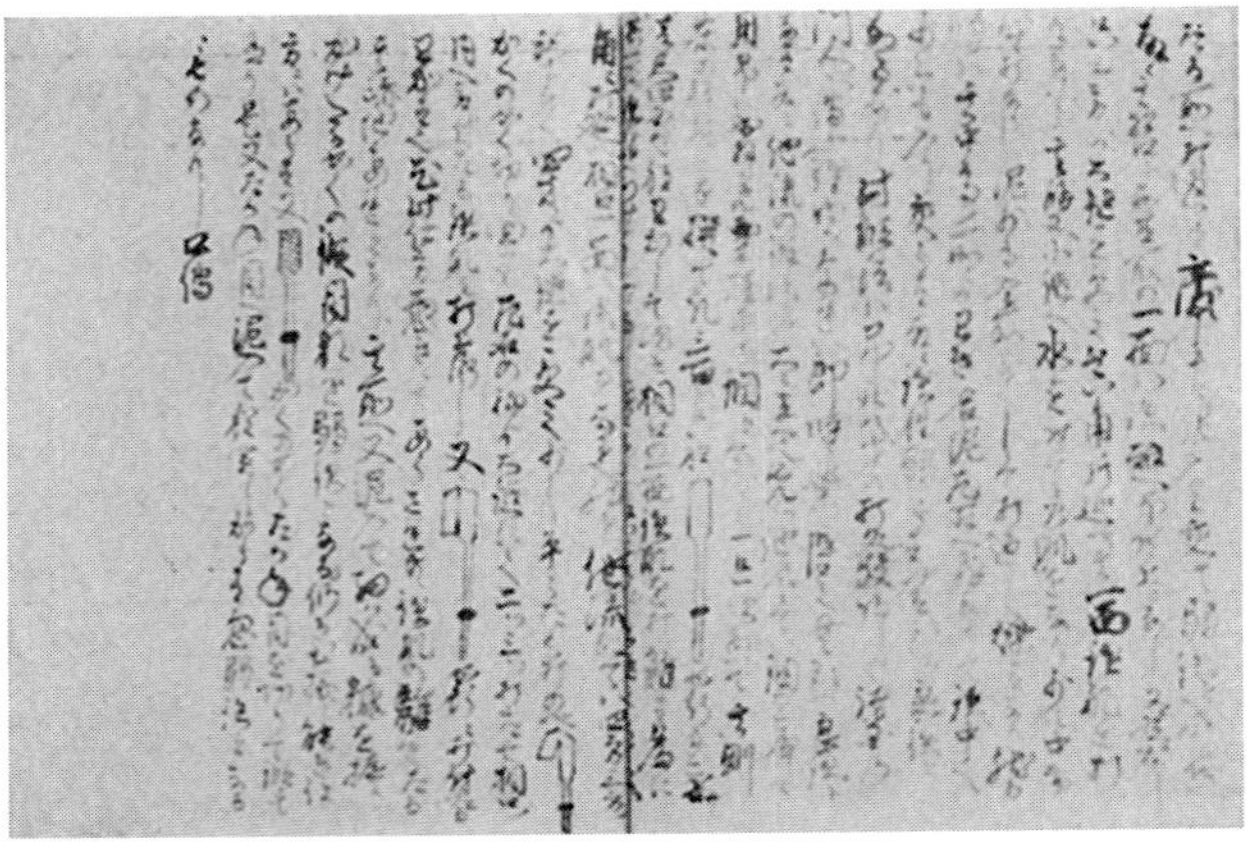

写真3　秘伝書「鋼の鍛え方」水心子《すいしんし》正秀《まさひで》の自筆

べ、秘伝の巻物を読むために古文書の読み方を学んだ。続いて工学部冶金科へ入り、日本刀鍛法の科学的な研究を行ない、さらに大学院で五年間研究を続け、その後さらに副手となって研究を続けた。こうして日本刀の研究は玉鋼と私をしっかり結びつけた。私のやり始めた研究にはいくつかの段階があった。玉鋼を研究する、昔の名刀を分析すること、当時生きている刀匠を訪ねて秘伝を学ぶこと、刀匠の末孫をさがし出して代々伝わる秘伝書をみせて貰うこと、調べ得た秘伝を実験しながら科学的に解明してゆくことなどである。玉鋼の研究、古刀の分析に関しては恩師俵国一博士に従って進んだが、すでに恩師の御労作「日本刀の科学的研究」があるので、もっぱら秘伝をさがして実験する仕事に力を注いだ。方針は立っても、これを実行する段になると大変な困難が伴った。

　長い年月をかけて、うまず休まず努力した甲斐があって、十七～十八年の間に刀匠の子孫約一〇〇人とめぐり会えた。実際に刀を鍛えるためにその中から三人の名人、水戸の勝村正勝《まさかつ》師、室蘭の堀井俊秀《としひで》師、東京の笠間繁継《しげつぐ》師をえらび、正式にいかめしい入門書を差し出して門人としてもらい、親しく鍛法を教わった。秘伝書もさがし続けた結果、四五年間に五三種類を発見した（写真3参照）。

今までのべたようなやり方で玉鋼を調べ、日本刀のつくり方を解明すれば、昔と同じ名刀も訳なくでき上がると誰もが考える。私も科学の力と、たくさんの刀匠の経験と勘のエキスをあわせたのだから、順調に全部の疑問が氷解するものと確信していた。しかし、この考えは甘かった。正宗の名刀を目指しても、粟田口吉光を狙っても作刀実験は成功せず、目標とは似ても似つかない凡刀が生まれてしまう。

何十回となくやっても結果は不成功であった。何故だろう。秘伝書には正宗のつくり方はこれこれかくかく、粟田口吉光のつくり方はこれこれしかじかと詳しく載っている。別の秘伝書では古刀をつくり上げたとも書いてある。そのとおりにやってみてもうまくいかない、一つの大きな壁にぶつかった。そのころ刀鍛冶の秘伝に絶対の信頼をおいていたので、刃物への応用を刀の実験とともに進めていった。

## 刃物への応用と失敗

刃物をつくるなら何をつくったらよいか。一番むずかしい品物を選び、これに成功すれば他の物への応用は簡単だろうという訳で、カミソリに着目した。カミソリは人間の肌に直接当って切味を批評されるから、とてもむずかしい。当時、天皇のヒゲを剃るカミソリはドイツ品を使っていると聞き、一層刺激を受けて、舶来品との競争を始めた。全国にいる刀鍛冶の内から七名の名人に依頼して、玉鋼からカミソリをつくってもらった。でき上がったカミソリを腕のよい理容師さんに試してもらい、合格したら天皇のヒゲを剃る方のところへ持って行くつもりだった。試作品を勇んで届けると、何としたわけか、思わしくないと評された。つぎも、そのつぎも、引続き試してもらったがことごとく落第してしまった。「奥歯で噛んだような切味がする。さわやかな切味が出なければいけない。」といわれた。

昭和九年から十七年へかけての失敗の成績である。期待はまんまと外れた。こんなによい鋼をつかったのだから、ほかに何か足りないものがあるに相違ない。昔の名刀をつくり出した刀匠たちは同時にすぐれた刃物、のみ、かんな、カミソリ、彫刻刀などをつくったものと考えられる。その証拠に平安時代につくられた精巧な建築物や、鎌倉時代の有名な彫刻師運慶や、快慶の作品、ずっと時代が下がって左甚五郎の彫ったものが残っていて、刃物の削り跡、きざみ目がみられるからである。現存している名作は、つくった人の腕前もさることながら、よい刃物がなくては、生まれるはずがない。東京芸術大学を卒業した故田中春吉さん（大仏次郎氏の友人）が、鎌倉時代のような伸び伸びした力のある切口を再現したいと随分苦心したが、何としてもおよばない。さまざまに努力してみたが、問題は刃物の良否にあるらしく、最近のどんなのみをつかってもあの力強さ、美しさは出ないとおっしゃった。

刃物のつくり方については一つの口伝《くでん》も秘伝書もない。もちろん実物も残っていない。名作のたくさん残っている刀と比べると、刃物の方は不運である。刀と違って人命にかかわることがないから大切にする度合も軽いのかも知れない。あるいはよい刃物ほど重宝がられて研いでは使い、使っては研ぎ、師匠から弟子へと、順にゆずり渡す間に消耗しつくしたのだろう。戦争が盛んになって、刀鍛冶は軍力をつくる方に回って、カミソリなどつくってくれない。このようにして第一回のカミソリ試作は失敗に終わった。

## 絶えた古刀のつくり方

失敗を重ねたあげく秘伝書をもう一度検討してみた。秘伝書の内容は鍛錬法についての自分の経験を書き、後輩の指導を行なうとともに、古い刀の再現を目標とした記述が多い。刀は奇妙なことに長い年月をかけて立証された実用上の価値と、芸術的な美しさが一致していて、よい刀ほど美しい。しかも現代の作品より江戸時代の刀の方がすぐれ、江戸時代よりもぐっと古い鎌倉時代の古刀はそれより勝り、古刀の中でも平安朝時代の名刀は最も優れている。いいかえれば、時代が新しくなるにつれて刀の内容が悪くなっている。私の調べたところでは、秘伝書の一番古いものは約三五〇年前、江戸時代初期に書かれたものである。それより古いものは一つもなかった。これらの秘伝書にある方法を、多くの刀匠と一緒に実験を繰り返したが、残念ながら決して正しいものではなく、古刀は生まれなかった。そのうえ秘伝書を書いた大先輩の作品も、古刀再現を目標としながら目的を達していない。結局、古刀のつくり方は消えてしまったことがわかった。おそらく戦乱のたびに刀の需要が急激に増えて、早くたくさんつくる方へ研究の目的が移り、自然と労力のかかる最高級品をつくり出す技術が忘れ去られる傾向が出たり、交通の不便さ、教育のない時代に、弟子に十分秘伝を伝えぬうちに師匠が死ぬようなことが重なったのが原因ではなかろうか。江戸時代は初めて日本が一つにまとまって、世の中の落ち着いた時である。こうした時美しいものを求める芸術家の気持ちと、よいものをつくろうとする技術者のほこりが、名刀再現の努力へと刀鍛冶を導いたに違いない。しかも苦心の結果、その夢は一生誰も果たせなかったのだ。鋼の魅力、まだ知られぬ広い分野のあることを思い知らされた。

**刀のつくり方**

刀をつくるには玉鋼の鍛えから始まる。一文字鍛え、木の葉鍛え、するめ鍛え、屏風鍛えなどさまざまな流派があるが、いずれも赤熱した玉鋼をたたいて伸ばし、伸ばしたものを二つ三つに折り返すのである。このとき表面にできた酸化鉄の働きで、玉鋼の炭素量が減る。刀鍛冶は経験によって自分の希望するかたさの鋼をつくり上げてしまう。この作業中さらに硬・軟の鋼を練り合わせたりもする。できた鋼の層はあとで刀の肌に美しい模様となって現われる。刀の折れるのを防ぐため、中心部には軟らかい庖丁鉄を組み合わせておくが組み合わせ方は古い刀の方が複雑になっている。

焼入れのときは刀の表面に粘土、砥の粉、炭の粉などを調合した、いわゆる秘伝の土を塗る。厚さを加減してヤキの入る具合いを調節するのである。鋼の組み合わせ方とあいまって刃紋の美しさをつくり出す。火の調子、水の加減、何一つおろそかにはできない。赤くなった刀を水の中に入れる焼入れの仕事はもっとも緊張する。激しい音が静まると、やがて水の中から反り返った刀の切先が出てくる。このとき下手をすると焼割れが入って、今までの苦労がすべて無駄になる。うまくできたとき、刀鍛冶が神棚に供えて感謝する気持ちもわかっていただけよう。

## 刃物の研究

玉鋼でつくったカミソリの成績が悪かったのは何故だろうと長い間疑問だった。刀の研究もさらに進み、刃物のことも次第にわかってきたとき、ここだと気がついた。刀とカミソリは使い途が違うのだ。刀は戦争になるとひどい力でぶつけ合ったり、かぶとの上から斬りつけたり、骨を断つようなこともしばしばである。つまり、切るときにはうんと力がこもり勢がつく。これに反してカミソリは力を入れたり勢をつけることはなく、むしろ触れるか触れないかわからないほど軽く静かに扱う。目的の違うものを一緒にしてはいけない。調べてみると外国のカミソリは、鋼の中の炭素量が一・二％から一・四％であった。刀の方は何と〇・六％から〇・七％である。折れず曲がらず、硬い物に勢よく当たっても、なお欠けを出さないためにはこのくらいがよいのだろう。刃物ではカミソリのほか、刺身庖丁、かんな、彫刻刀、などが炭素量一・二％から一・四％、のみ、出刃庖丁などは一・〇％くらい、鋸は〇・八％から〇・九％といった具合いに、用途によって適当な炭素量の範囲があった。ちょうど、すしをつくるときの御飯の水加減と、おかゆを炊くときの水加減が違っているのと同じ訳だ。出発点がわかっただけでも大きな進歩である。玉鋼を鍛えて希望する炭素量にするのも熟練が必要だった。失敗を繰り返しながらも、とにかくこの峠も乗り越えた。こうして実験をするときに金属顕微鏡や化学分析、硬度計といった各種の文明の利器は非常に役立ち、経験とコツにのみ頼っていたのでは二〇年も三〇年もかかるところが、一〇年から一五年で解決した。ここで前回の苦杯を挽回するため第二回目の実験を始めた。

刃物は硬くなければいけない。そのうえ粘りが必要である。しかも研ぎやすいことが要求される。こんな矛盾をどこかで一致させねばいけない。硬さは炭素量と焼入れの上手下手で決まり、粘りは鋼の中の不純分と、金属学的な組織の密粗によって左右され、研ぎやすさは鋼の中の不純分の量で決まってしまう。したがって刃物をつくるには鋼の選定がどんなに大切かがわかる。

鋼の金属組織を細かくするのは、炭素量が一・〇％以上になるととくにむずかしくなってくる。鋼の中に遊離セメンタイト（炭化鉄 $Fe_3C$）組織が現われるからで、これを写真4のように細かく分布させたものは、きわめてよい成績を上げる。写真5は網の目状になった粗い遊離セメンタイトであって、こんな模様の出た刃物は脆くて刃がすぐ欠け、まったく使いものにならない。組織をこまかにするには槌で丁寧にたたく作業と、焼なましの組み合わせがよい成績を収めた。刃物の場合セメンタイト粒は細かければ細かいほどよい。玉鋼は純粋なだけに温度には敏感で、ちょっとの油断もできない。焼入れも本当の純炭素鋼は水で冷やさないと十分のかたさが出な

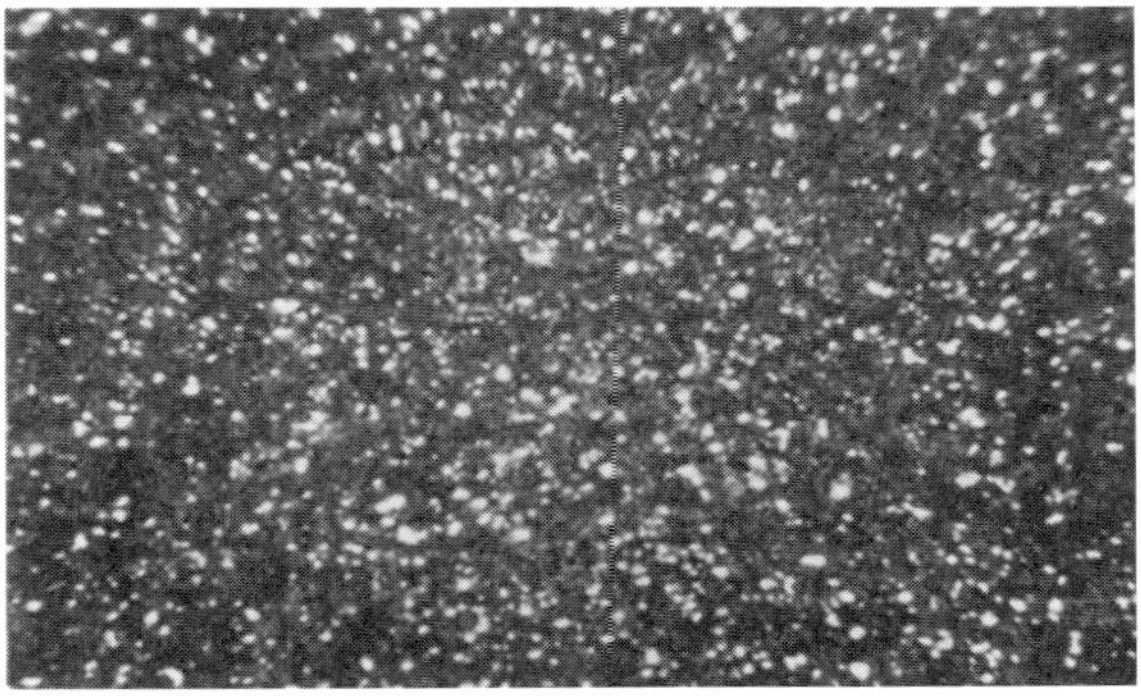

炭素量 1.3%　焼入れ焼もどし済み（400倍）
**写真4**　細かな粒になった遊離セメンタイト

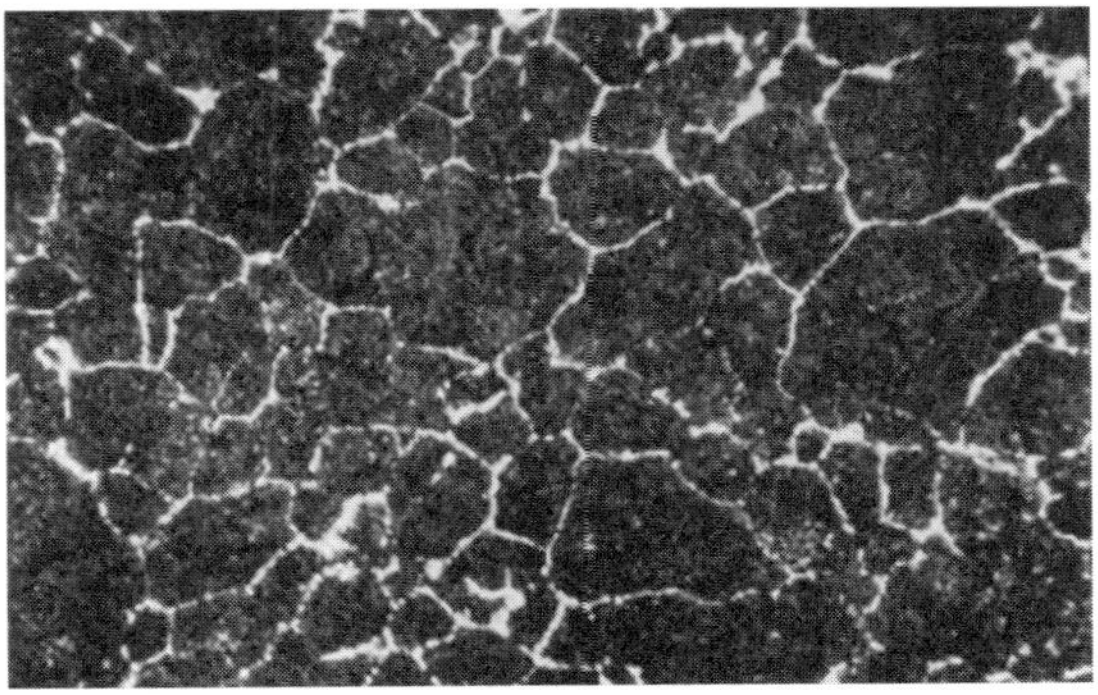

炭素量 1.3%　焼入れ焼もどし済み（400倍）
**写真5**　粗い網目の遊離セメンタイト

い。油で焼入れをすることは玉鋼には採用できない。水で焼入れをすると割れたり、曲がって廃品になるものも多いが、残念ながらこればかりは運を天に任せて、神に祈りながらやっている。読者にとってはまことに不思議であろう。今では笑い話になってしまったが、昭和二十七年末から三十年末までに仕上がったカミソリが二九丁、何とも気の長い話である。もちろん採算などとれっこない。この記念すべきカミソリの中には、ドイツ品にも負けない切味を発揮したものもあって、大いに力をつけられた。見通しは明るくなった。やがて硬さと使う人の好みの問題、刃の角度、形といった点にも調査を進めた結果、その後つくった品物には「ドイツ品よりも遙かに切れる」「千人剃ったがまだ切れが止まらない」「ドイツ品の倍も永切れした」という嬉しい批評をいただけるまでになった。玉鋼を刃物に活かす目的はどうやら一応果たせた。しかし仕事や研究にはこれでよいという終点はない。さらによくするにはどうするか、他の品物への応用はどうするか、目前の課題は大量生産をするにはどうしたらよいかであって、必死の努力を続けている。この目標も遠からず達成できるであろう。

**今後の問題**

刃物をつくることも一つの分野である。しかし、もっと根本的な問題では恩師の俵国一先生が「日本では炭素鋼の研究が終わらぬうちに、外国から特殊鋼が入ってきて発達してしまった。土台になる炭素鋼の研究が不足している限り、日本の特殊鋼は世界一にはなれない」と指摘された味わい深い言葉がある。そうしてみると、玉鋼という純粋な炭素鋼を究明することは、日本の鋼全体が世界一へ進む途につながるものであり、真の意味での玉鋼の利用は正にその点にあると、一層ファイトをかき立てられる。日本で育った玉鋼を十分に活かして、技術革新、貿易自由化の盛んな今日、品質でも数量においても堂々と外国品と競争したい。若い読者諸君の御激励を期待している。私は現在六二歳、壮心未だ衰えません。

（「熱処理」昭和四十年六月第五巻第三号・八月第四号）

# 玉鋼の焼入れ

玉鋼で西洋剃刀を造って、焼入れをしてみて驚いた。半分以上が割れてしまった。西洋剃刀は全鋼《まるはがね》で、冷却剤は水を使用した。

水で割れるんなら、油で焼入れしたらよかろうと、多くの人は云う。やってみると、油では、刃先二、三分幅に焼が入るだけで、あとは全く焼が入らない。玉鋼に対しては、油は全然不向きである。

冷たい水では割れるので、少し湯を入れて、温かくして焼を入れたら、雲がついて失格である。

雲がついては困るので、焼入れ温度をあげたら、今度は曲がってしまう。直そうとして軽く叩くと、割れる。

玉鋼の焼入れの困難さには全くまいってしまった。

昭和二十七年から、もう十年は過ぎているのに、今でも時折製品の半分以上を、焼で失格させることがある。一体、原因が何処にあるのか、それはわからない。

要するに玉鋼は、焼の入りにくい性質を持っている。これが大量生産の邪魔をする。

併し、この性質が、日本刀の焼刃を美しくさせる。日本刀の刃文の直刃《すぐは》と乱刃《みだれは》は、誰が焼いても必ず出現する模様である。もし日本刀を、全面完全に焼を入れろと云われたら、刀鍛冶は割れを防げなくて困るだろう。

日本剃刀は着鋼《つけはがね》であるから、軟らかい地鉄のお蔭で、割れることは殆どない。また焼で曲がっても、軽く叩けば直る。但し油断をすると、雲がついて、失敗する。

日本人が着鋼を発明発展させたのは、大した技術である。昔の人が全鋼で苦労した末、この方法を見つけたものと思う。

外国の刃物は全鋼であるから、割れ、曲がり及び雲で困ったに違いない。その結果、どうしたかと云えば、油で不完全な焼を入れて、軟らかい刃物を造った。

だから牛刀とか外国の鎌は、丸鑢で刃がつくのである。

硬い刃物が欲しい場合、外国人はどうしたかと云うと、焼が入り易いように、クロムとかタングステンを混ぜた。即ち特殊鋼を使ったのである。

彼等の最も多く使ったのはクロムである。打刃物鋼に、タングステンを混ぜたのは、日本の安来鋼の青紙だけである。青紙の手本になったのは、英国製の大砲を削るバイトの刃である。砲兵工廠から屑鋼として出たものを、越後三条の初代永桶永弘が使って見て、成績がよいので、安来鋼の工藤治人《はると》博士に送って、これと同じ鋼を造るようにしたのである。大砲を削るバイトだから、一種の高速度鋼である。

独逸とかスエーデンの剃刀は、タングステンを入れず、クロムだけを入れている。

日本の玉鋼は、如何なる鋼よりも純粋であるから、切味は正に世界一である。だが焼入れの困難は大きな欠点である。

その上もう一つ困る性質がある。それはグラインダーで研磨して仕上げをしてゆく時、少し熱くなって、焼戻しを部分的に受けると、忽ち刃がくねくねと曲がって、廃品になるということである。急いで西洋剃刀を仕上げようとするほど、よく曲がる。と云って水を掛けながら作業をすると水の為に表面が見えないので、精密な仕上げが出来ない。

斯くして玉鋼は原料として世界一の優秀さを示し、切味も最高ではあるけれども、鍛錬、球状化、焼入れ、仕上げ等の困難があるため、どうしても名人芸の少量生産になり、値段も非常に高いものになって、近代工業の対象にはならない。まことに惜しいことである。

（「刃物と販売」三十八年十二月第七十二号・昭和三十九年一月第七十三号）

# 老人体当り航空隊

（提唱者岩崎航介氏に訊く）

サイパン島の悲報に歯ぎしりした一億国民の前に大宮島、テニヤンの全員戦死が報ぜられた。この苦境を切り抜け、戦局を挽回するには必勝の信念、一億体当りの気魂をもって全国民が戦争の中に没入しなくてはならない。一人でも戦争傍観者があれば必勝態勢に揺ぎが生ずる。そして生死一如の大和魂、敵が最も脅威とする日本刀精神、玉砕魂で戦ひ抜くのだ。この国難突破のために最近老人による体当り部隊の編成を提唱し、自ら航空隊入りを志願するほどの人がある。本年四十二歳、東大工学部冶金科副手岩崎航介氏で、世界に誇る日本刀の科学的研究を畢生の業とし、大正十一年新潟高校卒業後四ケ年刀匠の門に入り、同十四年東大文学部入学、平泉教授のもとで歴史的観点から日本刀を究明、更に工学部冶金科に入り、卒業後も研究室に止り、俵博士に師事して地金の分析にまでつき進み、この間全国二百余の刀匠の裔を訪ひ、秘伝書四十種を探し出したといふ変り種。相次ぐ南方戦線での激闘、悲報に学究岩崎氏が中年の身で体当り部隊に志願せんとする気持は日本人であれば誰もが心中に抱く護国の熱願であるが、果してこれは許されることであらうか、同氏の歩んだ途を訊いてみる。

大宮島、テニヤンに於ける皇軍全員戦死を聞いて国民の一人としてだう行動すべきか私達は真剣に考へなくてはならない。天文学的数字の敵の物量に対抗するには我々も物量で応酬するほかはない。そして私は一億国民が一対一の日本刀精神で体当りするほかに方法はないと思ふ。日本刀を造る時は三千七百二十一日或は七千七百四十九日酒肉を遠ざけ斎戒沐浴する。その間、一切是空です。「体当り」といふ言葉があるがその根本はみな日本刀から派生して来る生死一如の絶対境だ。

例へば蜜蜂は外敵が巣を襲撃すると敢然として刺しに来る。一度人を刺した蜂は針を残して死んで了ふ。蜂のこの体当り攻撃を仔細に調べると若い蜂は決して人を刺しに来ない。来るのは老蜂に限る。この点は人間と違ふ。人間は若い少年航空兵に体当りをさせて老人は銃後で安閑としてゐてい丶か。

皇国興亡の秋には老人達にも奮起して貰はなければ、この国難は乗切れない。昔は兵役年限などといふものはなかった。斎藤実盛は白髪を染めて出陣し、忠臣蔵の堀部弥兵衛も曲った腰を押して奮戦した。私はこの脈打つ日本刀精神で「老人体当り航空隊」を編成したらと思ひ、発案者自身が第一に体当りを敢行して世に問ふためこの計画を妻や知人に話したら賛成して呉れた。覚悟は出来た。尤も航空会社に勤務する友人から、老人ではとても無理だと真向から反対された。しかしこれが出来れば第一線の若い兵隊をどんなに奮ひ起たせることか、米英の臆病者共をどのくらゐ慄へあがらせるかわからない。

老人なら既に後継ぎの子や孫もあり、扶養すべき親の無い人が多い。無事に行っても今後三十年、五十年は生きられるものではない。此処で死花を咲かせて後に残る子女達の安全の為に敵のＢ29に体当りするのだ。

この計画を南方戦線から来た某参謀にも語った。専門家の話では、

「体当りといへば、簡単なやうだが、実際は素晴しい技術が要る。海上にある大きな航空母艦に体当りすることですら、名操縦士中の特に巧い連中でなければやれない。下手な連中がやれば海の中へ突込むだけだ。況して飛行機に飛行機をブッつけるには目標は小さいし而も双方物凄い速度だから、感の鈍い君達老人に出来ることではない。」

といふ。広い運動場で全速力で走る自動車に体当りするのと同じく、口でいふ事は易いが、出来るものではないといふのだ。この専門家の話を聞いて落胆したがそれから六ケ月経った今日、敵機を防ぐには矢張り体当り以外に道が無い。別の友人は、

「老人戦車爆発隊」を編成してはどうだ。竹槍や銃剣で、機械化兵団を防げるものではない。

ともいふが、私は志を同じうする人達に集って貰って相談したい。私の志するところはまだ安全ではない。人がきけば狂ったと思ふかも知れぬが橘曙覧が歌った〝国をおもひ寝られざる夜の霜しろしともしびよせて見る剣かな〟を思ひ出し、大宮島、テニヤンの悲報に更に私の信念は固められてゆくのだ。

(「日本産業経済新聞」昭和十九年十月三日号)

# 刃物の材料に関する知識

理容界に於て、最も多く使用されている金属は、鉄と鋼類であるから、本講義は、これに就いて説明する事にした。

## 緒論

読者の使用して居られる器具の中で、レーザー、日本剃刀、鋏、バリカン等の本質を把握するには、用いられた原料に関する知識が、先ず第一に必要である。基礎知識が無ければ、研いだり、調整したり、使用したりする場合、往々にして大きな誤りを起こす事がある。其の誤りは、時によっては致命的なものであって、あたら道具を殺して了う様な事さえある。

此の不幸を防止し、更に刃物の力を百パーセント発揮せしめんが為に、此の論説を書く事にした。併し業界人にとっては、金属の話は耳新しいものであり、科学的な用語が聞き慣れていない為、理解、記憶に困難を感ぜられる向きもあろうと思われるので、出来るだけ平易にした積りではあるが、それでも難解の処があるかも知れない。その時は、判る所だけで良いから、読み続け、判らない部分は、後日の勉強と経験が進む迄、放って置いて戴き度い。

## 鉱石と燃料

鉄は、鉄鉱石を燃料と共に熱して採るものである。鉱石は其の色とか、形とか、性質の差によって、次の様に分けられる。

磁　鉄　鉱　　色黒く、硬くて磁石を引く

赤鉄鉱　色は赤い
褐鉄鉱　褐色で、軟らかである
砂　鉄　黒色が多い、砂の形である

分析した成分を第一表に示した。鉄分の多い程、優秀な鉱石という訳であるが、其の他に、不純な物として、燐とか硫黄を沢山含んだ物は嫌われる。それは精煉の際に、或程度を抜き取る事は出来るが、どうしても一部分は、鉄の中に残って、如何なる方法を施しても取り除く事が出来ない。有害な成分を少なくする為には、始めから、そうした物の入っていない鉱石を使う他ないのである。

第一表　鉄鉱石分析表（%）

| 種類 | 結合水 | 全鉄 | 硅酸 | 酸化満俺 | 礬土 | 石炭 | マグネシア | 硫黄 | 燐 | 銅 |
|---|---|---|---|---|---|---|---|---|---|---|
| 磁鉄鉱(釜石) | 一・七二 | 五五・一八 | 一三・五二 | 〇・三八 | 一・三八 | 六・二八 | 〇・〇四二 | 〇・二四 | 〇・〇五一 | 〇・三二 |
| 〃(大冶) | 四・四〇 | 六〇・六二 | 七・三七 | 〇・五一七 | 一・八〇 | 〇・三三 | 〇・四六一 | 〇・二〇六 | 〇・一一七 | 〇・四八二 |
| 赤鉄鉱(利原) | 一・三五 | 五三・四二 | 一九・一七 | 一・四〇 | 一・八九 | 〇・二五〇 | 〇・七五六 | 一・四八三 | 〇・〇五五 | 〇・〇一四 |
| 褐鉄鉱(載寧) | 九・九一 | 五〇・九四 | 二二・九六 | 一・四九 | 〇・一一 | 〇・一七 | 〇・二四 | 痕跡 | 〇・〇五〇 | 〇・〇〇三 |
| 砂　鉄(島根) | 一・二二 | 五七・七八 | 六・五〇 | 一・三七 | 四・四八 | 一・〇八 | 一・一三 | 痕跡 | 〇・〇五〇 | 〇・〇九一 |

即ち優秀な刃物を造る為には、優秀な鉱石を探し出す他ないのである。我国では島根、鳥取、広島県地方から出る砂鉄が、世界的に見ても、優秀な鉱石である。外国では瑞典の鉱石が優れている。

鉄鉱石を熱する燃料として、骸炭（コークス）が最も多く使用されるが、コークスの性質は原料たる石炭によって決まるから、優良なる石炭を持って来なければならない。我国に産出する石炭は、大部分コークスを造るに不適当な為、外国から毎年多量の石炭を輸入している。

木炭はコークスに比べて、不純物の少ない燃料であるが、値段が高い為、沢山使用されない。けれども瑞典の様に、木炭の沢山ある国は之を使用している。我国でも山陰地方では木炭を使っている為、優秀な鋼を産出している。

此の他に石炭石、満俺鉱《まんがんこう》、螢石等も使わねばならない。何れも鉄の為に有害な成分のない材料を、選択する必要がある。又、之を加熱する炉は、高温に曝されるので、火に強い粘土で造った煉瓦を用いる。

### 鉄と鋼の分類

一般の人は、鉄なる文字で、鋼も銑鉄も一緒にして居るが、専門的に云うと、この三つの物は、確然と分けなければならない。

(1)　鉄と云うのは、炭素の極く少ない物で、大変軟らかである。曲げても却々折れない。日本剃刀の地金《じがね》に使用されるのが鉄であって、焼の入らない物であり、スキセンで削る事が出来る。着鋼鋏の地金も又、鉄であるから、調整の際、強く叩いても折れない。砥石で研ぐとスカスカと研ぎ下りる。中には地金が硬くて却々下りない物もあるが、これは炭素の多い場合である。

鋼、鉄の中へ炭素が入ると、硬くなり、焼入れによって刃物にする事が出来る。炭素が百分の一から、百分の一・五位入った物が、鋏とか剃刀とかバリカンの刃物に使われている。

炭素の他に、クロム、タングステン、モリブデン等の、特殊成分の入っている鋼がある。之を特殊鋼と云う。何も入らない物は炭素鋼である。

鋼の中には、炭素の他に、満俺、硅素、燐、硫黄等が、どうしても入って来る。此の中の燐は、一万分の三以上入ると、刃先をポロ欠けさせる悪い性質を持っている。硫黄は一万分の三以上あると、火造りで形を造る際、ヒビを発生させるので、何れも嫌われる。鋼を造る人は出来るだけ取り除こうと努力するが、全部を抜く事は出来ない。

第二表に、鋼の分析表を第三表にドイツのヘンケルの分析表を掲載した。不純物の少ないのが、優秀な鋼であ

第二表　刃物用鋼の分析表（%）

| 種別 | 炭素 | 硅素 | 満俺 | 燐 | 硫黄 | クロム | タングステン |
|---|---|---|---|---|---|---|---|
| TIS刃物用鋼第一種 | 一・〇〇〜一・四〇 | 〇・二〇以下 | 〇・三五以下 | 〇・三〇以下 | 〇・〇二〇以下 | 〇・二〇以下 | ナシ |
| 〃　第二種 | 一・〇〇〜一・二〇 | 〃 | 〃 | 〃 | 〃 | 〃 | 〃 |
| 〃　第五種 | 一・三〇〜一・四〇 | 〃 | 〃 | 〃 | 〃 | 〇・一五〜一・三〇 | 〃 |
| 〃　第六種 | 一・一〇〜一・三〇 | 〃 | 〃 | 〃 | 〃 | 〇・三〇〜〇・五〇 | 〃 |
| 〃　第七種 | 一・二〇〜一・四〇 | 〃 | 〃 | 〃 | 〃 | 〇・三〇〜〇・六〇 | 一・五〇〜二・〇〇 |
| 〃　第八種 | 一・〇〇〜一・二〇 | 〃 | 〃 | 〃 | 〃 | 〇・五〇以下 | 一・〇〇〜一・五〇 |
| 安来鋼青紙　一号 | 一・二〇〜一・四〇 | 〃 | 〃 | 〇・二五以下 | 〇・〇〇四以下 | 〇・三〇〜〇・五〇 | 一・五〇〜二・〇〇 |
| 〃　二号 | 一・〇〇〜一・二〇 | 〃 | 〃 | 〃 | 〃 | 〇・二〇〜〇・五〇 | 一・〇〇〜一・五〇 |
| 安来鋼白紙　一号 | 一・二〇〜一・四〇 | 〃 | 〃 | 〃 | 〃 | ナシ | ナシ |
| 〃　二号 | 一・〇〇〜一・二〇 | 〃 | 〃 | 〃 | 〃 | 〃 | 〃 |
| 安来鋼黄紙　一号 | 一・二〇〜一・四〇 | 〃 | 〃 | 〇・〇三以下 | 〇・〇〇六以下 | — | — |
| 〃　二号 | 一・〇〇〜一・二〇 | 〃 | 〃 | 〃 | 〃 | — | — |
| 玉鋼 | 一・三三 | 〇・〇一 | 痕跡 | 〇・〇〇九 | 痕跡 | ナシ | ナシ |
| 〃 | 一・四三 | 〇・〇二 | 痕跡 | 〇・〇一二 | 痕跡 | 〃 | 〃 |

第三表　独逸ゾーリンゲン市ヘンケル会社製レーザーの分析表（%）

| 番号 | 炭素 | 硅素 | 満俺 | 燐 | 硫黄 | クロム | タングステン | モリブデン | ニッケル |
|---|---|---|---|---|---|---|---|---|---|
| 五六 | 一・二八 | 〇・一六 | 〇・二一 | 〇・〇二三 | 〇・〇一三 | 〇・四四 | ナシ | ナシ | ナシ |
| 七四 | 一・二六 | 〇・一九 | 〇・二四 | 〇・〇一九 | 〇・〇一一 | 〇・三六 | 〃 | 〃 | 〃 |
| 一三五 | 一・三〇 | 〇・一六 | 〇・二三 | 〇・〇二七 | 〇・〇一三 | 〇・三六 | 〃 | 〃 | 〃 |
| 一四一 | 一・四〇 | 〇・一一 | 〇・〇六 | 〇・〇二八 | 〇・〇一三 | 〇・四〇 | 〃 | 〃 | 〃 |
| 一七二 | 一・三三 | 〇・一六 | 〇・二〇 | 〇・〇二二 | 〇・〇一一 | 〇・三八 | 〃 | 〃 | 〃 |
| 四三五 | 一・二一 | 〇・二三 | 〇・二二 | 〇・〇二九 | 〇・〇一四 | 〇・三三 | 〃 | 〃 | 〃 |
| 四七二 | 一・二四 | 〇・二三 | 〇・二三 | 〇・〇二〇 | 〇・〇一五 | 〇・五一 | 〃 | 〃 | 〃 |
| 八七二 | 一・二六 | 〇・一三 | 〇・〇八 | 〇・〇二五 | 〇・〇一六 | 〇・三七 | 〃 | 〃 | 〃 |

るが、そうした物は取扱いに微妙な所があって、相当な技術を必要とするものである。

タングステン、クロム等の特殊成分は、取扱いを楽にさせる性質がある。世人は往々にして、是等の成分は、鋼を硬くすると思っているが、大きな誤りで、硬さは炭素のみによって決定されるのである。

ハイス（高速度鋼）は、鉄を削る事が出来るから、炭素鋼より硬いと云う人がある。これは鉄を削ると、刃先が熱くなって、三百度位になるが、ハイスは、此の時軟らかにならない。炭素鋼は軟らかになって、刃がまくれるから、使えないだけで、初めの硬さは、ハイスも炭素鋼も同じなのである。

銑鉄、鋼よりも炭素が多くなると、脆い物になる。之を銑鉄、或はづく、もしくは鋳鉄と云っておる。銑鉄は勿論鋼よりも硬い。が併し刃物にはならない。熱すると鋼よりも早く熔けるので、型に鋳込んで、鍋や釜を造る。

バリカンの腕や、鋏の輪の様な複雑な形の物は、形の中へ銑鉄を熔かし込んで造る。脆さを防ぐ為に、特殊な方法で炭素を抜いて了う。之を可鍛鋳鉄（マリエーブル）と名づけ、軟らかで叩いても折れない。若しバリカンの柄や鋏の輪が、折れる様な事があれば、其の作り方が悪かった為である。

### 精煉方法

銑鉄、鉄鉱石と燃料たるコークスを、高さ二十メートルもある高炉の中に入れて、強い風で燃やすと、高温となり、鉄鉱石中の鉄は分離して流れ出す。其の時コークスの中の炭素を吸収して銑鉄となって炉底に溜る。之を流し出して、砂の上で固める。大きな高炉になると一日で一千トンの銑鉄を造り出す。

木炭を使用して優良銑鉄を造る炉は、一日に五トンとか十トン造る様な小型の物が多い。木炭が軟らかで潰れるから、大量の鉱石と一緒に入れられない為である。

鋼、銑鉄の中の炭素を抜き取ると鋼になる。其の為には銑鉄を先ず熔かして、其の中へ酸化鉄（錆）を入れると、炭素が空気中へ逃げ出す。併しこの方法は、時間がかゝるので、多くの場合は、屑鉄と銑鉄とを熔かして造る。併し屑鉄の中に色々の物が混っているので、出来た鋼は、第一級品とは云えない。

最良の刃物鋼を造るには、木炭で吹いた銑鉄から造らねばならない。

此の場合、炭素量を多くすれば、剃刀によい鋼となり、少なくすればバリカンの刃になり、其の中間には鋏の鋼がある訳である。

鉄、鋼の炭素を更に下げると、軟らかな地金が出来る。炭素量は千分の一以下（〇・一パーセント）が軟らかくて研ぎ易い鉄と云われる。炭素が少ない程、熔け難くなるので、温度を順に上げねばならない。鉄を熔かすには摂氏千六百度から千七百度に上げねばならない。

鋼と鉄を造る炉は、浅い皿型の炉であるから、之を平炉と云っている。平炉の他に、電熱を使用した電気炉もある。

鉄を造る時でも、鋼を造る時でも、中の硫黄を抜く為に満俺を用いる。すると満俺が鋼の中へ残る。又、熔けた鋼や鉄は、空気中から、炭酸ガス、酸素、水素、窒素等のガスを吸う性質を持っている。ガスは刃物の刃先を脆くする性格があるので、是等を抜く為に、硅素鉄とかアルミニューム等を使用する。

**圧　延**

熔解した鋼は、炉を傾けて、大きな鍋に流し込む。勿論、普通の鍋では熔けるから、内側を熱に強い耐火煉瓦で包む。一方鋼を流し込む為に、大きな銑鉄で造った型を並べ、此の中へ熔けた鋼を流し込む。

冷え頃を見計らって抜き出し、之を真赤に熱して、ロールにかけて延ばす。ロールとは丸い大きな筒状の物二本から成り立ち、回転している。上下ロールには溝が掘ってあり、鋼は、此の溝の中を通る事によって定められた寸法の物になる。

鋼は熔けている時、多量のガス成分を吸い、冷却する時、之を吐き出すから、中央部にパイプとなったり、頭部に泡が出来たりするので、不良部分は、切り捨てなければならない。

又、不純物があると、固まる時、一様にならず成分の異なった層になって固まる時がある。之をロールで圧延すると、層状の物が縞になって現われる。別の所で示したヘンケルのレーザーや、ハーダーには、縞がハッキリと見える。之を防ぐべく、製鋼業者は苦心をするのではあるが、炭素が多いと、どうしても此の欠点を示す傾向が強い。こうした鋼で造られたレーザーは、縞の出方によって、切味が変化する物である。

**火造りと鋼着け**

レーザーは圧延された棒状の鋼を持って来て、大体レーザーの長さに切断する。刀柄部をハンマーで打ち伸ばし、刀身部は、熱した物を型に入れ、四分の一トン（約七十貫）の重錘を、二メートル位の高さから落下させて、形を造る。二回落下で形が出来上がる。大量生産の形をとっているが、炭素の高い鋼を使うと、割れを生ずる欠点がある。それが為に国産品は兎角、軟らかい鋼を使用したがるのである。手でコツコツと叩いて造るのは、優秀になるが、値段が高くなる。米国でも、英国でも、最高級品は手打ちである。

日本剃刀の方は、炭素の無い地金《じがね》に、鋼の小片を鍛着させて造る、鋼と鉄を附着させるには、硼砂と鋳を混ぜた薬を用いる。

鋏は地金に鋼を着けてから、可鍛鋳鉄で造った輪を、熔接する。

全鋼の鋏は、大体の形を造ってから輪を熔接する。

右の鍛造の際に、適当な温度の所で、巧みに槌打すると、鋼の分子は微細になって、刃物が良く切れるが、大量生産で、型で造る方法は、此の点に欠点を生じて来る。

外国では、大体の形が出来てから、電気炉の中に入れ、加熱して、分子を細かくする方を実施している所もある。国産品は、この点手を抜いているので、品質は良くない。

### 焼入れと焼戻し

形の大体出来上がったものを、赤熱して、水中に投入して、急に冷却すると、ぐんと硬くなる。之を焼入れと云っている。

焼の入る温度は、レーザーでも鋏でも、大体同じで、摂氏七百四十度から八百度の間である。

焼入れした鋼を、良く研磨して、ナイタール液で腐触して金属顕微鏡で覗くと、写真第1の様な模様が見える。之をマルテンサイトと云っている。焼入れした儘では、硬過ぎて、刃がポロ欠けするので、摂氏百五十度から二百度の間に、熱してやると、少し軟らかになる。こうすると長切れするので、多くの刃物は此の処理を施している。これを焼戻しと云う。併し焼戻しの温度が高くなると、軟らかになり過ぎ刃味は甘くなるので、丁度手頃の温度でやらねばならない。

焼入れ、焼戻しをした外国製品を、金属顕微鏡で見ると、写真の様に、白点が沢山見える。之をセメンタイトと名づける。

鋼は炭素量が千分の九（〇・九パーセント）までは、金属組織は、顕微鏡で見るとパーライトと称する層状の模様であるが、これを越すと、セメンタイトが網状に出て来る。セメンタイトは、炭素が百分の六・七（六・七パーセント）を含んだ物で、非常に硬く、焼入れによって生まれたマルテンサイトよりも硬い。従ってマルテンサイトの中に、セメンタイトのある鋼が、最も硬い訳である。

**マルテンサイトの顕微鏡写真　1**　倍率は三六〇倍・国産レーザーに見えるマルテンサイト

**セメンタイトの顕微鏡写真2～19**　白色部はセメンタイト、黒地はマルテンサイト、倍率は全部三六〇倍。腐蝕は5％硝酸アルコール溶液（新潟大学工学部機械科材料実験室にて撮影・撮影者は岩崎重義氏）

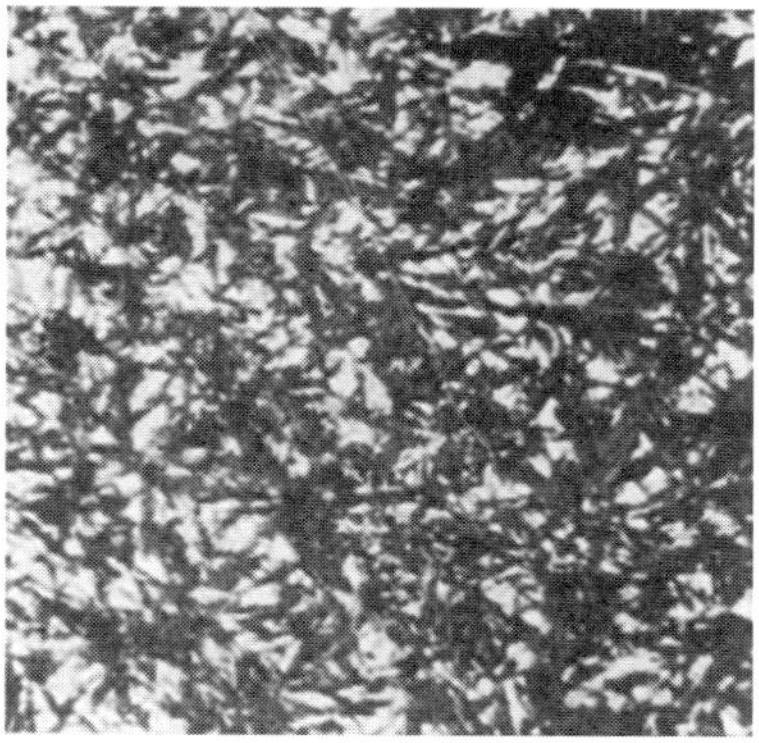

**写真第1**

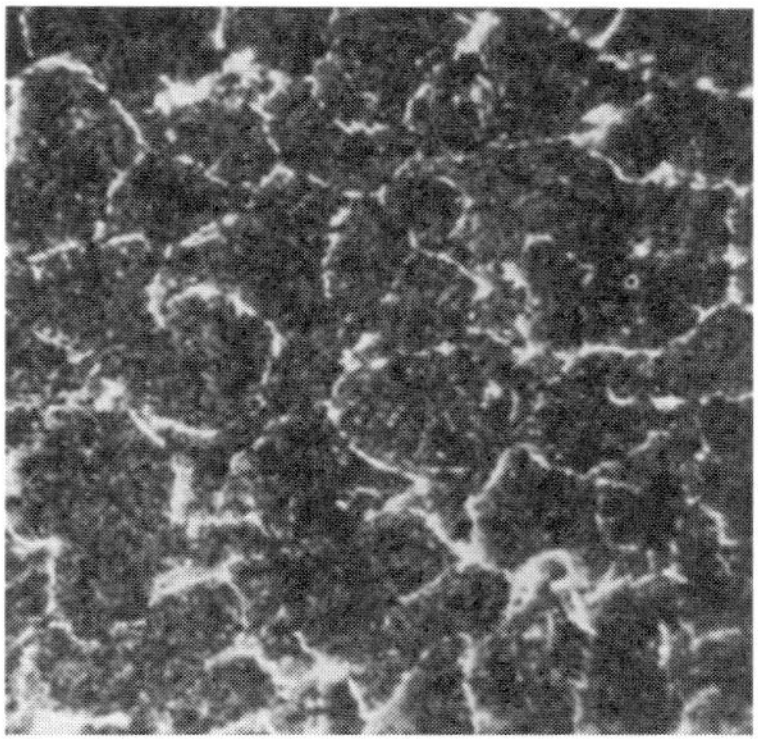

**写真第2**　網状セメンタイト

**写真第3**　玉鋼（日本）

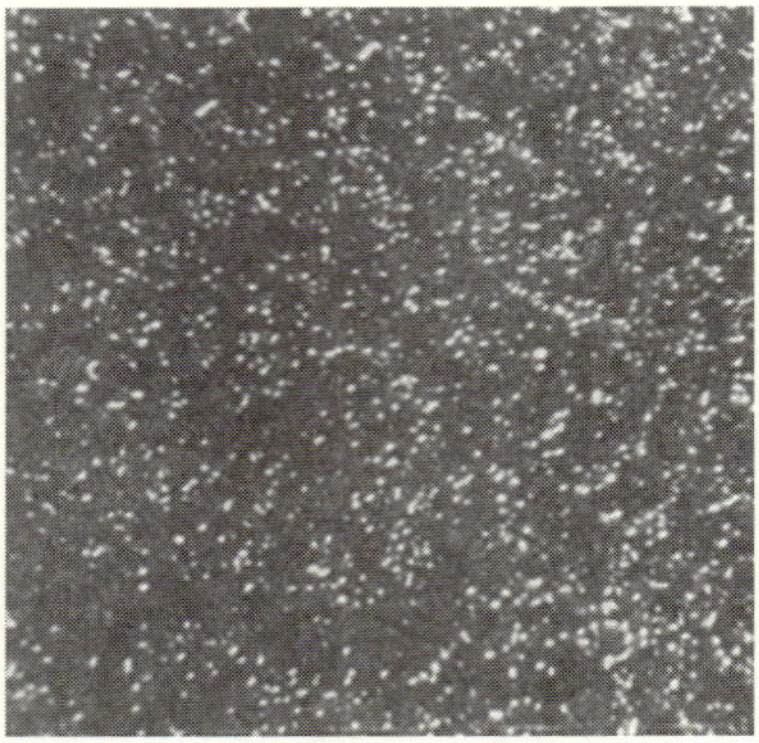

写真第4　玉鋼（日本）

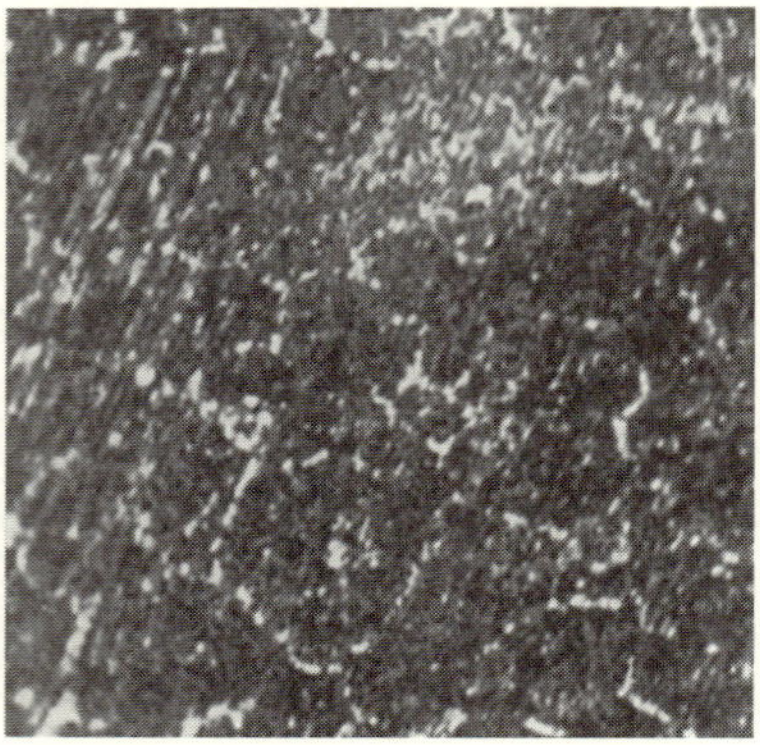

写真第5　ベンガアル（英）

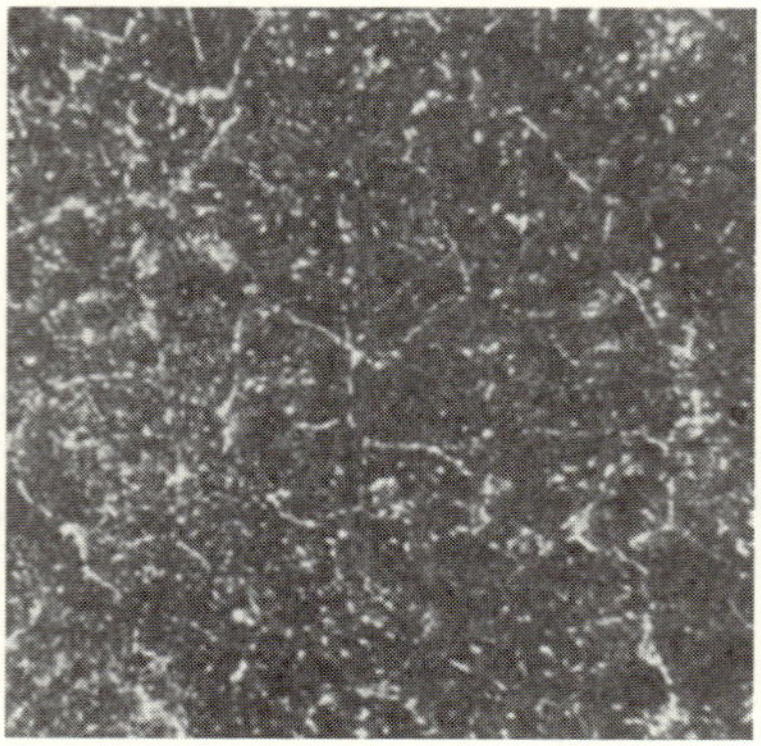

写真第6　クロップ（英）

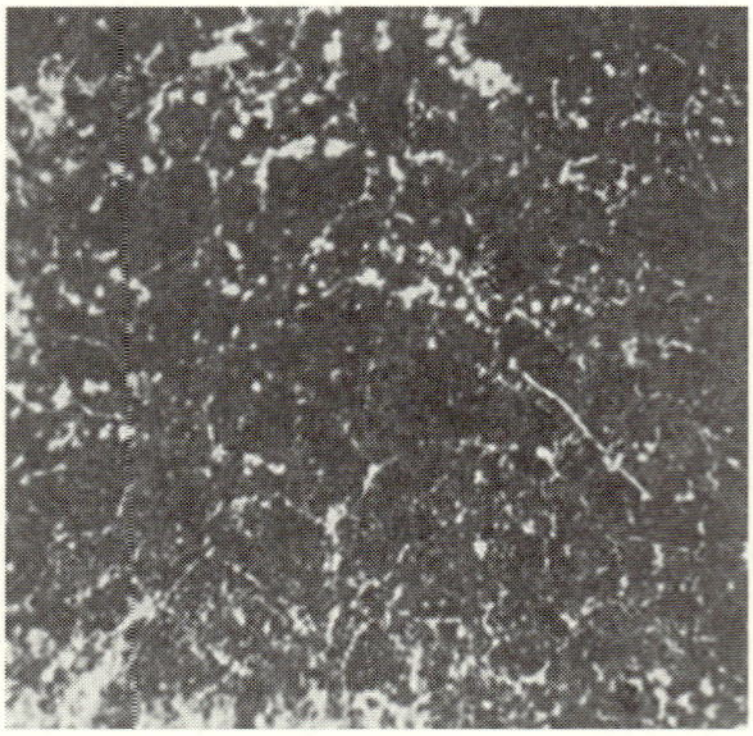

写真第7　ヘルベルグ（瑞典）

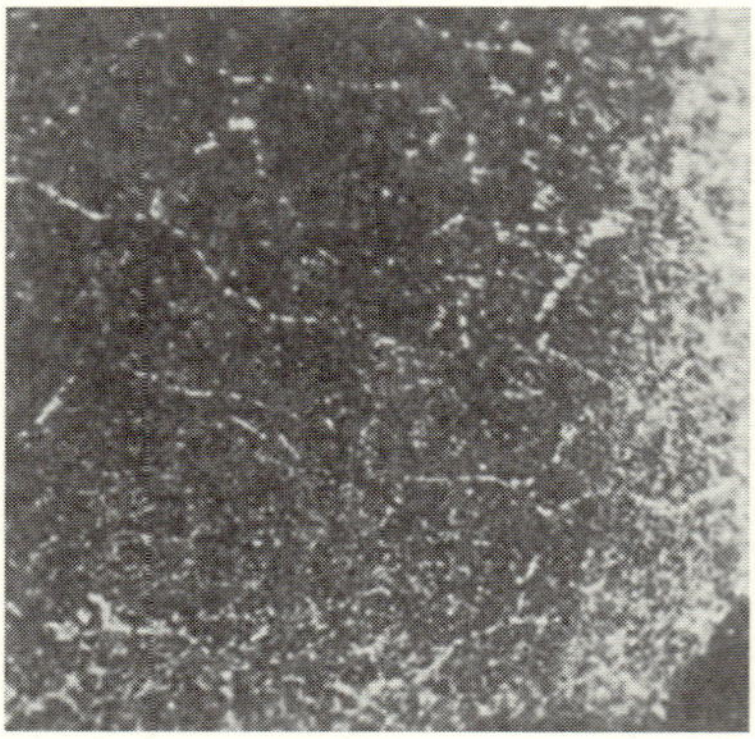

写真第8　フォード（英）

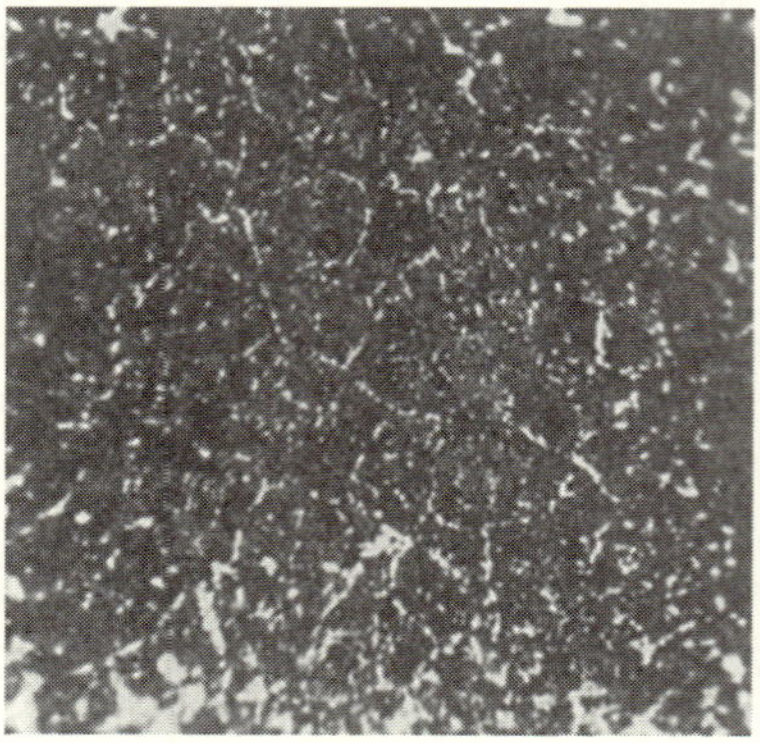

写真第9　ヘンケル72（独）

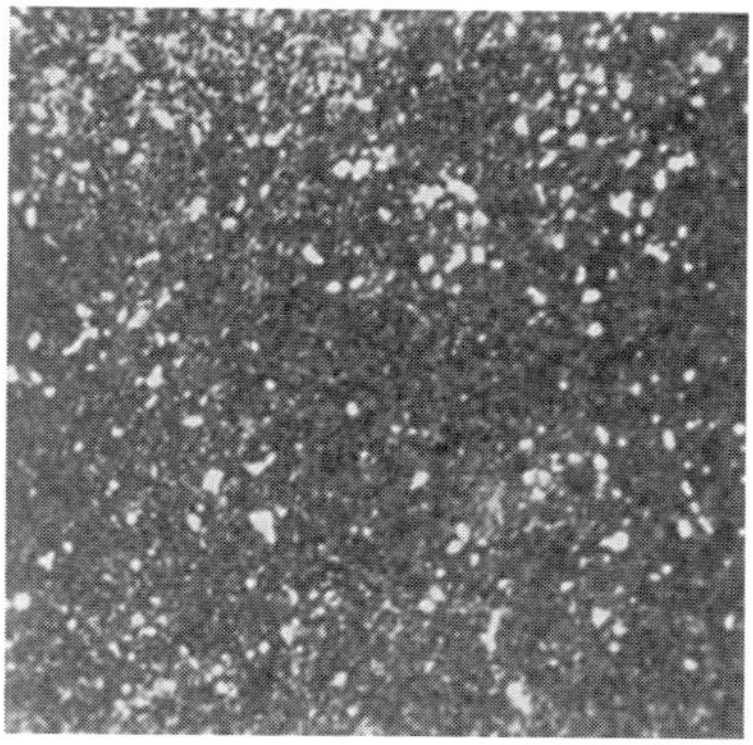
写真第10　キャスル（?）

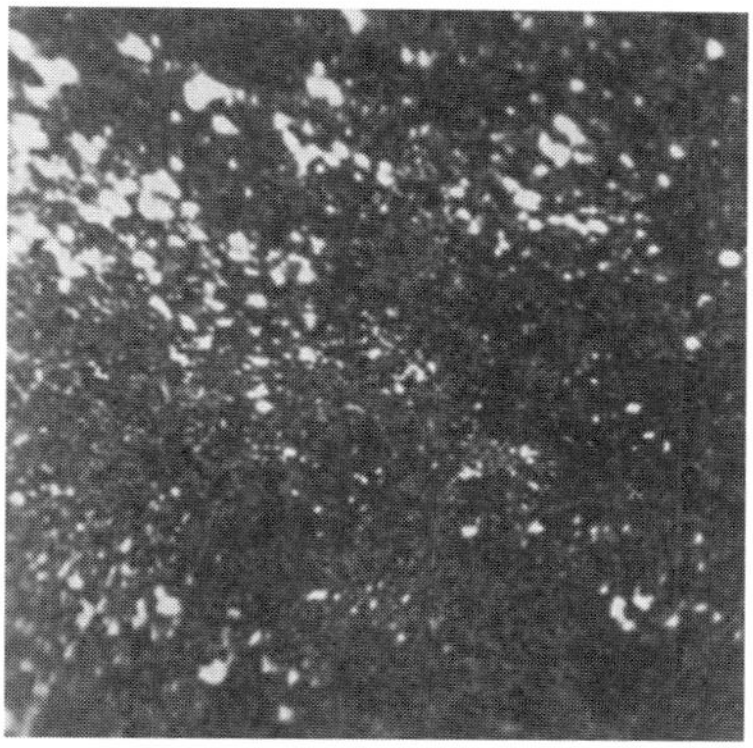
写真第11　ヘンケル19（独）

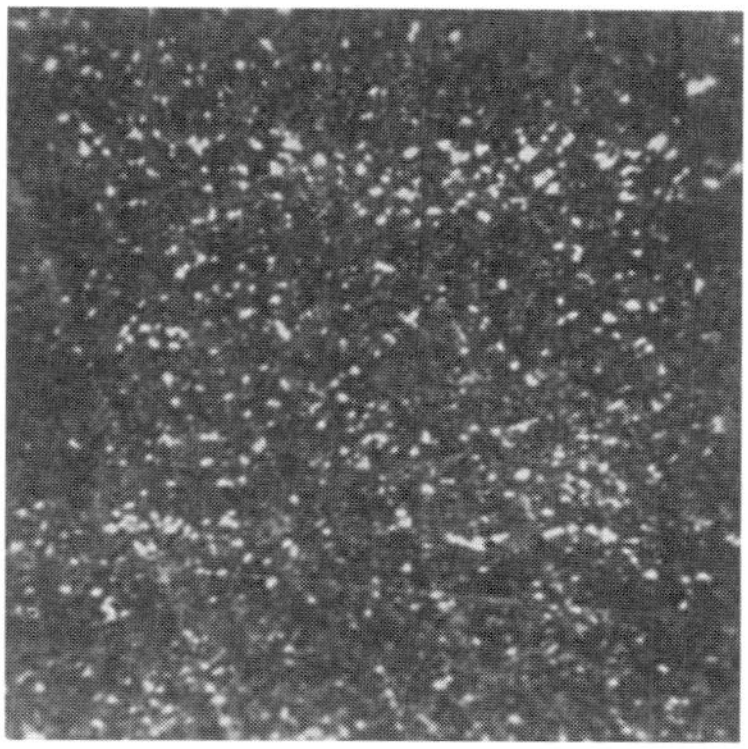
写真第12　フリードリッヒ・ハーダー77（独）

写真第13　ヘンケル15（独）

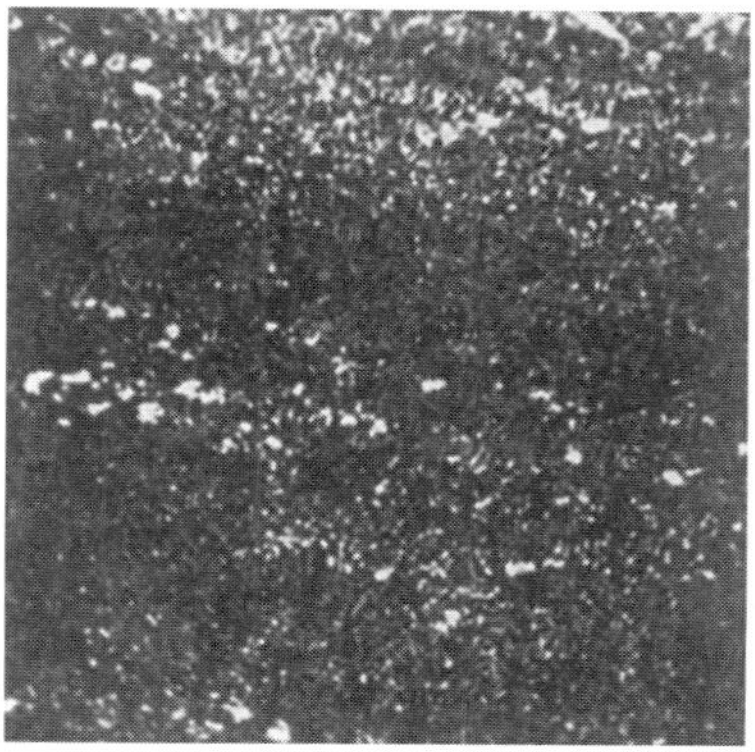
写真第14　ヘンケル72（独）

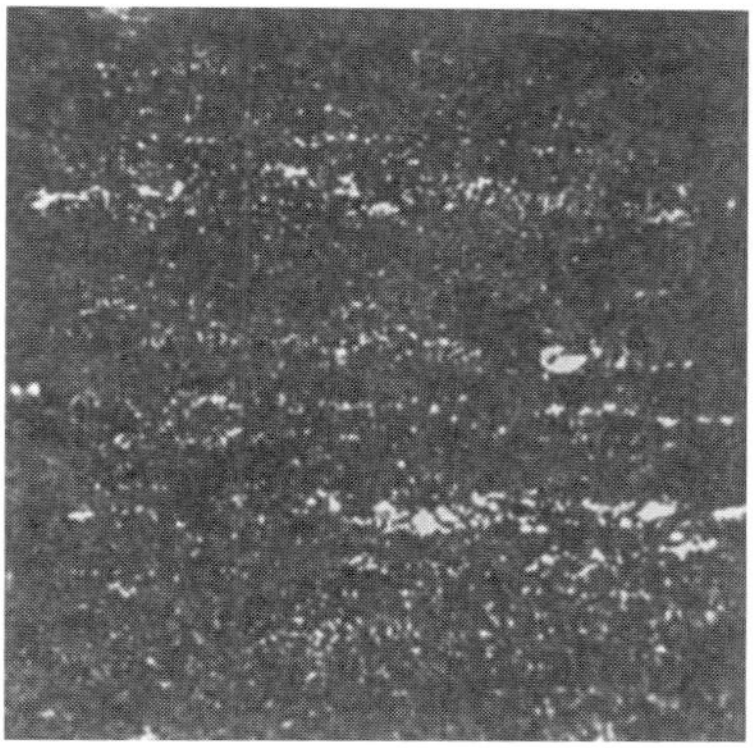
写真第15　ヘンケル74（独）

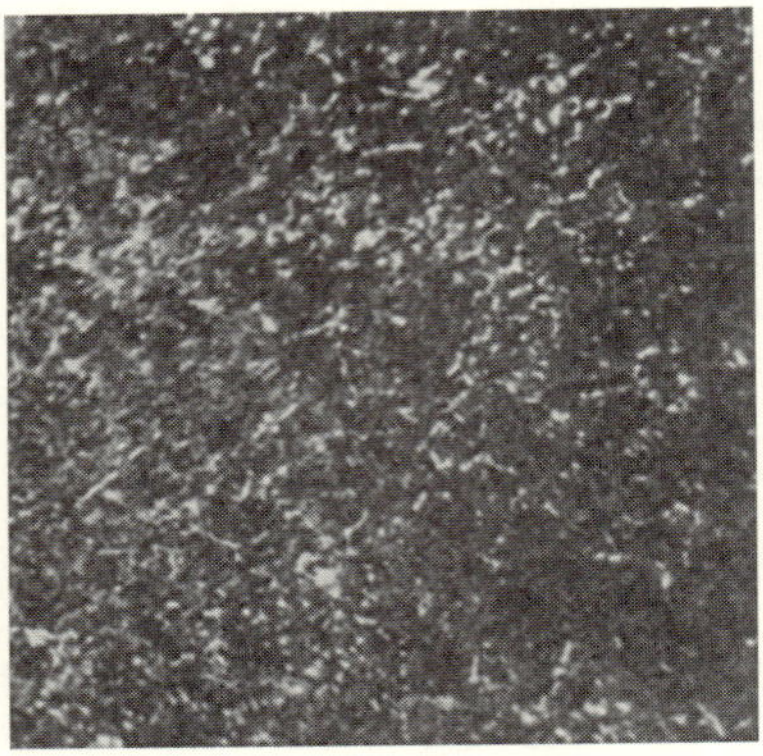
写真第16　ヘンケル78（独）

写真第17　ジャキス（仏）

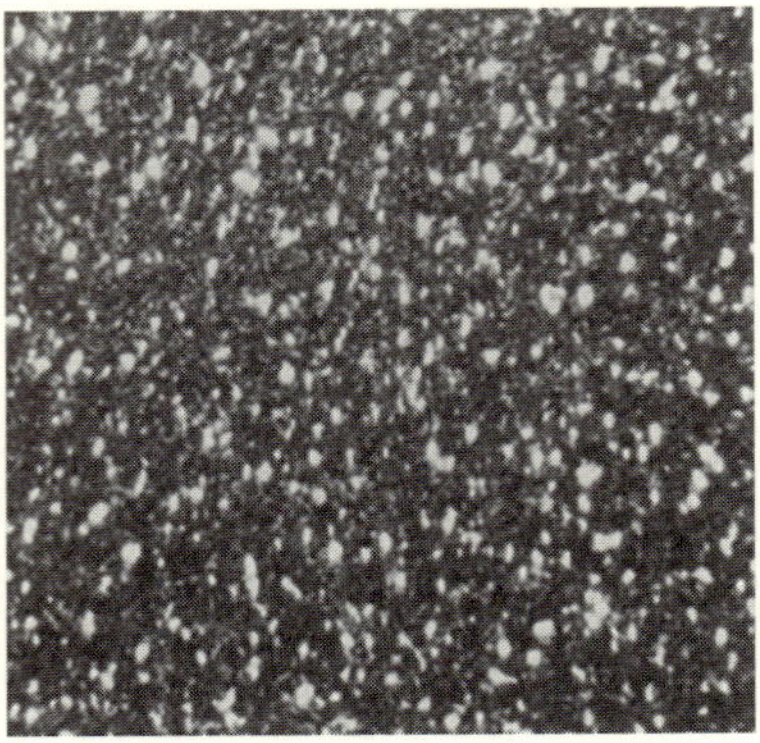
写真第18　テニス50（独）

写真第19　ヘンケル20（独）

併し網状（写真第2）に出たものは、脆いので、之を粒状にしなければならぬ。この作業をセメンタイトの粒状化と云って、可成りの熟練を必要とするものである。舶来品でも写真第5の英国のベンガール、写真第6の英国のクロップ、写真第7の瑞典のヘルベルグ、写真第8の英国のフォード、写真第9の独逸のヘンケル72等、随分有名な一流会社の製品でも、網目の残っている物がある。是等は何れも、期待した程の切味を示さない物である。

球状と云っても、球の大きいものは細かな物よりは悪い。写真第10のキャスル、写真第11のヘンケル19、写真第12のフリードリッヒ・ハーダー77、写真第13のヘンケル15、写真第14のヘンケル72等は大粒である。

小粒でも炭素の少ないものは、セメンタイトの量も少ない、写真第17の仏蘭西のジャキスは、適例である。本品は刃だけ取り換える事が出来る様になっているランギに似た形である。写真第15のヘンケル74は、大粒と微粒が混在している。写真第16のヘンケル78は微細ではあるが、分布が一様ではなく、セメンタイトの何も見えない所もある。写真第18の独逸のテニス50、写真第19のヘンケル20等は、最も良い物である。

是等を参考にして、私が造った物を写真第3と第4に掲げた。

微小硬度計のダイヤモンド錐の圧痕
黒い２本の筋は測定するものさし

是等の写真を通観して、縞模様に並んでいる物の多いのにお気附きになられると思う、これは炭素の多い所と、少ない所が、鋼の固まる時に出来た為であって、刃物としては、優秀とは云えない。

之に比べて、国産品はどうかとなると、セメンタイトの無い、マルテンサイトだけの製品が多いのである。理容業者が、舶来品を尊ぶ理由は、こんな所にも存在している。

## 硬度と耐磨耗性

出来上がったレーザーなり鋏なりの、硬さを調べるのに、硬度計という物を用いる。最も都合の良い物は、微小硬度計（マイクロ・ビッカース硬度計）である。

測定方法は、ダイヤモンドの錐で、一キロの重さを掛けて、小さな窪み孔をつける。孔が大きければ軟らかであり、硬ければ孔は小さい。孔と云っても極く小さいので、顕微鏡で二百倍に拡大して、大きさを測定する。測定した寸法から、硬度はいくらと数字を出すがビッカースの頭

第四表　舶来レーザーの硬度（ビッカース）

| 番号 | 品名 | 硬度（HV） |
|---|---|---|
| 1 | テニス（独逸） | 七五一 |
| 2 | ライン（独逸） | 七五一 |
| 3 | フリードリッヒ・ハーダー四五（独逸）(1) | 七五三 |
| 4 | ダイアマンテン（独逸） | 七五六 |
| 5 | フリードリッヒ・ハーダー四五（独逸）(2) | 七五七 |
| 6 | クロップ（英国） | 七五九 |
| 7 | ヘンケル七八（独逸） | 七六〇 |
| 8 | シェリーバー（〃） | 七六六 |
| 9 | ヘンケル四三五（独逸） | 七六九 |
| 10 | スプリンガー二〇〇〇（独逸） | 七七九 |
| 11 | ヘンケル五〇（独逸） | 七八四 |
| 12 | ジレット安全剃刀替刃（米国） | 七八九 |
| 13 | ベンガール・花ベン（英国） | 七九七 |
| 14 | ヘンケル六五（独逸） | 七九九 |
| 15 | リチャード・ハーダー一六八（独逸）(1) | 八一一 |
| 16 | クラウン・アロー（独逸） | 八一五 |
| 17 | エスエスエー（瑞典） | 八一八 |
| 18 | ヘンケル三七二（独逸） | 八一九 |
| 19 | リチャード・ハーダー一六八（独逸）(2) | 八二四 |
| 20 | イリス一二〇（独逸） | 八二六 |
| 21 | ヘンケル一九（独逸）(1) | 八三一 |
| 22 | マーキュリー（〃） | 八三四 |
| 23 | ヘンケル四七二（〃） | 八四一 |
| 24 | アイボス七四（〃） | 八四一 |
| 25 | ヘンケル七二（〃） | 八四四 |
| 26 | ヘンケル二〇（〃） | 八四八 |
| 27 | ヘンケル一九（〃）(2) | 八四九 |
| 28 | ヘンケル三四（〃） | 八五三 |
| 29 | ベースマン（英国） | 九三八 |

第五表　国産レーザーの硬度（ビッカース）

| 番号 | 硬度（$H_V$） |
|---|---|
| 一 | 六七一 |
| 二 | 六八九 |
| 三 | 六九五 |
| 四 | 七〇五 |
| 五 | 七〇七 |
| 六 | 七一三 |
| 七 | 七一七 |
| 八 | 七三四 |
| 九 | 七三五 |
| 一〇 | 七三六 |
| 一一 | 七六四 |
| 一二 | 七八一 |
| 一三 | 七八五 |
| 一四 | 八〇五 |
| 一五 | 八三四 |
| 一六 | 八六六 |
| 一七 | 八七六 |

文字Vと、硬度（ハードネス）の頭文字を組合わせて、$H_V$八〇〇という風に書く事にしてある。三個以上を測定して、平均を出した。

若し硬度計の式が変わると、数字も変わるので$H_{RC}$とか$H_S$とか色々と表示法がある訳である。第四表は舶来レーザーの硬度である。最も低い物がテニスで$H_V$七五一。最も高いのがヘンケル三四の八五三である。

低い方は婦人子供用の甘切れで、形も小型である。硬度の高いのは大髯用で、形も大型になっている。髯によって、種々様々の剃刀を準備すべき物である。

之に対比すべく、第五表に、国産品の硬度を掲げたが、マークは発表出来ない。之によると、舶来に比べて、非常に軟らかいものが多い。又、極端に硬い物もある。丁度良いと見られる物が割合に少ない。国産の軟らかい物を使っている為、硬度の高いレーザーを研ぐのが難しいと見え、八三〇を越したレーザーを造ってもよい刃が附かないと見えて、成績は香しくなかった。

日本剃刀を造って実験して見た所、硬度$H_V$七六〇以下は、甘くて婦人子供以外は使えない、七六〇から八〇〇迄は、甘切れを好む人は良いと云うが、硬切れを好む人は、まだ甘いと云う。八〇〇から八三〇でも、まだ甘いというお方もあったが、八三〇から八五〇になると、皆好調を示しているから、この辺が良いと思われる。

従来日本剃刀が、大髯のホリに適しておると云われて来たのは、硬度が高い事も、一つの原因の様に考えられる。

鋏の硬度も、八〇〇位のものが切味が良い。硬い剃刀を砥石で研ぐと、刃附が遅く、軟らかい物を研ぐと、直ぐ研ぎ上がる。それで研ぎ具合いによって、剃刀の硬軟を論ずる様になっているが、鋼が同一の物である場合は、右の考え方は正しい。併し鋼が変わって来ると研ぎ難い物が必ずしも硬くない。

例えばステンレス（不銹鋼）のポケットナイフを研いで見るか、洋食ナイフを研いで見て戴き度い。キョロキョロとして、却々刃が附かない。刃附けが遅いからとて、之を硬いとは云う人はいないだろう。シャベル、つるはし、鉄道のレールのポイントも研ぎ難い鋼であるが、硬くは無い。

此の理由は、鋼には硬度と関係なしに、磨り減りやすい性質と、磨り減りにくい性質が有るためである。之を耐磨耗性という。

ステンレスのナイフは耐磨耗性が強いから、減らないのである。

刃物鋼の中に、クロムと、満俺（マンガン）タングステン等が入ると、研ぎ難くなって来る。だからといって硬いのでは無い。併し同じ鋼なら、硬い方が研ぎ難い。

## スキと研磨

国産のレーザーは手でスキをやるので、震動の為に、ムラがある。舶来品は機械でやるからムラが無い。其の機械の値段が高い為に、暫くは右の欠点は直せないのである。

スキをやる時、廻転砥石やバフ車に研磨剤をつけて、研磨するから、摩擦熱が発生して、レーザーも鋏も、日本剃刀も軟らかになる。国産レーザーが軟らかいのは、スキの際の不注意から来る。

舶来品は研磨の際、水なり、油なりを掛けて、熱で防いでいる。吾々は一日も早く之を真似しなければならない。相当使った舶来レーザーをスキ直しにやったら、切味が悪くなったと云う経験を多くの人は持っているだろうが、前述の理由で軟らかにされたのである。

最近、鋏の裏スキを、丸砥でやる人がある。火花を飛ばして、研削をして居るが、一度で硬度がグンと落ちて、軟らかになり、長切れしない鋏になって了う。これを知らないで、調整と、研ぎが悪いと思って一生懸命やっている人を見受けるが、御気の毒な話である。

鋏の裏スキは、手研でやる可きで、絶対に丸砥を使ってはならない。

又、レーザーのスキ直しも、余程人を選ばないと、台無しにして了う。

**砥石と研磨剤**

砥石は京都市左京区梅ヶ畑の峯々から出る本山と、愛知県北設楽《しだら》郡名倉村から出る名倉砥を使われる。名倉砥は、本山よりも砥粒が荒く、電子顕微鏡で一万倍に拡大して見ると、板状の六角の結晶である。此の形の物は、刃が大きく欠けた時に、手早く荒研ぎするに役立つものであるから、砥泥を利用するのが良い。併し刃の欠けが小さい時は、砥泥は要らない。

近時外国では、研磨剤を使用している。之に用いられるものは、粒の荒い物から順に書くと、

(1)　カーボンランダム（炭化硅素）八〇〇番
(2)　酸化アルミニューム（エメリー粉）一〇〇〇番
(3)　〃　二〇〇〇番
(4)　酸化クロム（青粉）
(5)　酸化鉄（ベンガラ）

となる。

八〇〇番というのは、一時に八百の目のある篩を通った物という意味であるから、次第に細かくなっている事が判る。

此の中(1)から(3)迄は、粉に角があって、砥目は深くつく、(5)の酸化鉄の粉は、球の形をしていて、良く鋼を研いで、刃先を直線にする。(4)の酸化クロムは其の中間である。粒の荒い物から、順にかけると、鋸歯状が段々細かくなり、間もなく無くなって、美事な一直線状になって来る。

研磨剤を使用する際に、硝子砥石を用いる方法、朴《ぼく》の木を用いる方法、木の上に革を貼る方法等、色々やられている。又、人によっては、硝子の上に名倉の粒を擦り出して使用している人もある。今後の研究問題である。

## 顕微鏡の利用

米国の理容師の教科書に、五十倍と百倍で刃先を見た図を出して、そこに鋸歯状があると述べ、この為に切れると説明している。

吾国でもこれを鵜呑みにして、随分長い間、鋸歯状が無ければならないと信じられていた。

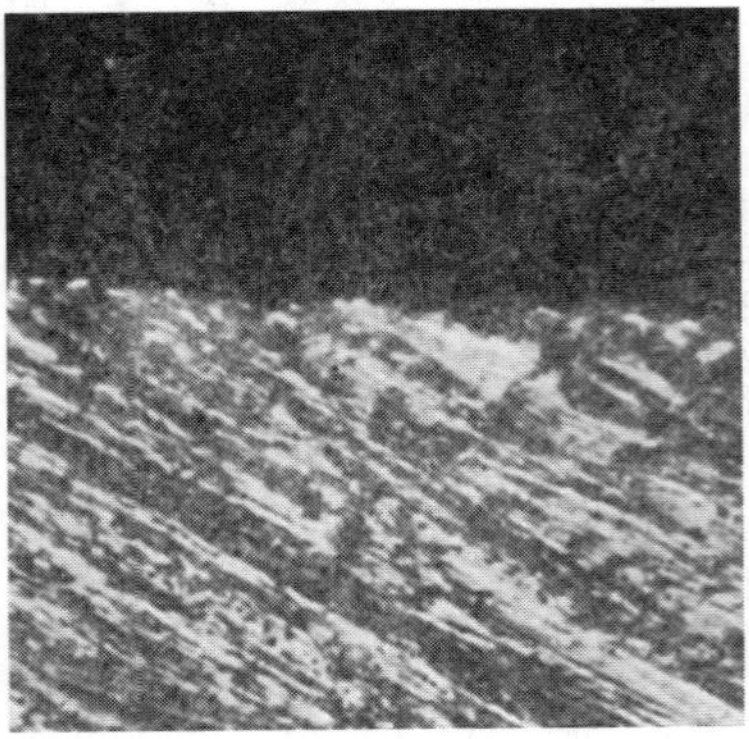

**写真第20**　1000倍
砥目が残り、刃先に欠け歯があって切味不良の刃物。
撮影者……石井　忠氏
（日本電子·光学研究所）

**写真第21**　1000倍
砥目が一本も残らず、切味が一直線になった切味優秀なる刃物。
撮影者……石井　忠氏
（日本電子·光学研究所）

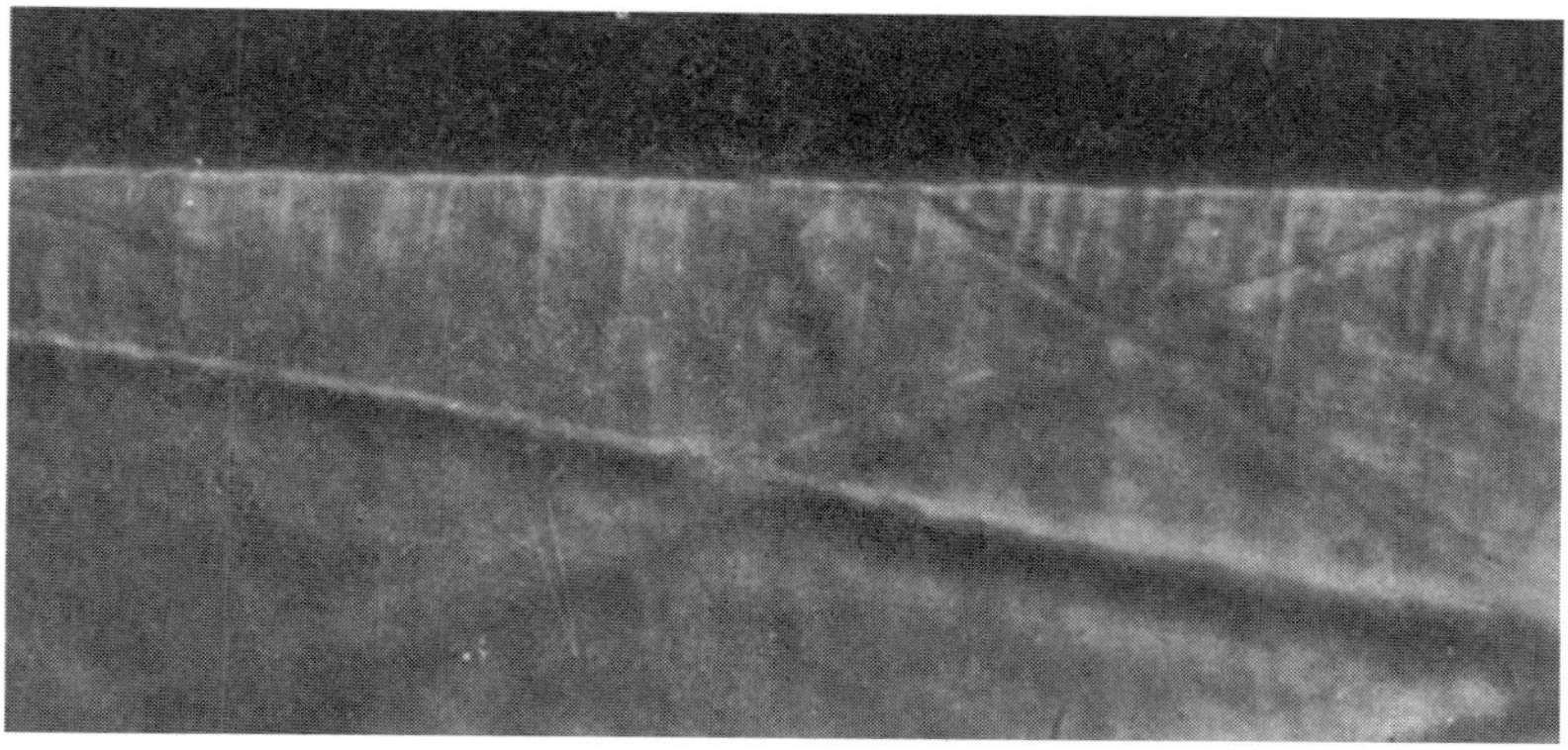

**写真第22**　1000倍
良く研がれたレーザーの刃先
研磨者……佐藤十一郎氏（新潟）
撮影者……石井　忠氏（日本電子光学研究所）

而るに顕微鏡を用いて三百倍以上で切れるレーザーの刃先を見ると、そこには鋸歯状が存在していない事が明らかになった。若し鋸歯状に似た物があれば、それは欠け歯、即ち歯コボレであって、未だ完全に研がれた物でないのである。(写真第20)

完全に研いだ刃物の刃先は、水平線の様な一直線となって居る。一直線の刃で髯を剃ると、剃られた御客は気持ちが良いし、皮膚は滑らかで光沢があり、血が絶対に噴かない。鋸歯状があると、此の逆になる。(写真第21・第22)

果たして自分の研いだ物が、完全であるか否かは、肉眼で見る事が出来ないから、どうしても顕微鏡を利用しなければならない。

顕微鏡無しで、研磨をしているのは、盲目が杖なしで歩く様なもので、科学的でない。近代の理容業者は、座右に顕微鏡を置いて、研ぎの研究を行なわれる様、祈念している。

（中央高等理容学校師範科講座　理容金属学テキストブック）

# 剃刀返品の研究

日本刀と云う世界一の刃物を造った日本人が、独逸製のヘンケルや英国製のベンガール等の西洋剃刀に、随喜渇仰の涙を流して、無けなしの財布の底を叩いて買込む姿を見ると、国民としての公憤を覚えるのである。是は舶来崇拝の卑屈心（インフェリオール・コンプレックス）から来るのだと思っていた。

## 舶来品と国産品の差

併し一度び国産品と舶来品とを使ってみると、残念乍ら舶来品の方が遙かに切味がよい。更に突込んで化学分析をすると、舶来品の方が炭素量の多い硬い鋼を使っている。金属顕微鏡で覗いて見ると、鋼の中で一番硬いセメンタイトが、舶来品の方がより沢山あるし、微細である。焼入れ温度を示すマルテンサイトの大きさを見ると国産の方に焼入れ温度が高過ぎて巨大針状の物が、より多く見受けられる。

又、微少硬度計を使用して硬さを測定すると、国産品は同一マーク、同一番号の品物でも、硬いものと軟らかいものが混じっているのに、舶来品は大体一定であって、製品に対してずっと信頼性がある事を示している。外観を見ても舶来品はデザインが美しく、スキは全部一様に揃っていて、ムラが少ない。大きさとか形になると、舶来品の方に各種各様の物が沢山作られている。

斯く観じ来れば地団太踏んで口惜しがっても、舶来品の方に勝ち名乗りを上げさせざるを得ない。

これだけ正確詳細に両者の比較が出来たからには其の対抗策が生まれてもよい訳である。茲に現代科学活躍の舞台がある。即ち原料に対しては炭素量に於て彼と同等の含有量のある玉鋼を持って来る。玉鋼は不純物が舶来品より遙かに少ないから、絶対に負ける事はあり得ない。セメンタイトの球状化に対しては、舶来品は大量生産方式を採用しているから、此の方は手工業による丁寧な製作方法を採れば、必然的に優良品が生まれる。焼入れに対しては刀鍛治の焼入れの秘伝と、温度計使用の両者混合法を行なえば完全を期待できる。硬さに対しては焼戻しに際して寒暖計を使い、其の結果はダイヤモンドの錐を使った微小硬度計を用いる。是に依って、硬、中、軟何れなりと希望の硬さの物を生産し得るから競争には勝てよう。デザインは日本人の美的感覚に頼る事にし、スキに就いては、手間暇を惜しまず、研磨剤の最高の物を駆使して、舶来品に劣らない物を作り上げる。

## 科学的製法の採用

こうした化学的方法で作った製品を、研究開始以来約千挺を、全国各地の理容師に買って貰い、切味に就いての報告をして貰うように手配したのである。

## 切味の批評

切味報告の中の大部分の人は、一度研いだ革砥だけで何日使ったという風に日数の報告をして呉れた。一週間とか十五日とかというのが最も多く、一ケ月は極く少数で、最高は三ケ月半と云って来た。

併し一日に何人剃ったかという人数が、これでは判らんのでそれを知らせて呉れるようにと依頼した所、一度研いで三十人乃至五十人と回答の来たのが最も多い。百人乃至二百人剃れると云う人は少数でしかない。最も沢山の人を剃った人は、一研ぎで三百八十六人に使った新潟県村上市大町日出谷誠一氏、四百二十六人の静岡県浜松市浅田町小池忠男氏、抜群の人で、一千三十二人を剃った富山県西礪波郡福岡町小畑健一氏（富山高等理容学校講師）がある。大部分の人は此の数字を信用して呉れない。そうした人には御本人に直接問合わせて下さいと答える事にしている。其の為に住所姓名を明記した次第である。

是れ程切れるなら舶来品など問題にしなくともよい訳で、絶対にこちらの判定勝ちにして貰えるだろう。

## 返品の調査

だが楽観は出来ない。十挺のうち二挺位の割合に全然切れないと小言タラタラで返送されるものがある。一千挺に対して約二百挺返って来ている。之を詳細に調べる為、不良と云われた剃刀を、他の人に渡して研ぎ直して使って貰ってみると、殆ど全部が切れると云われる。是には参った。何故人によって切味に差があるのか。いやしくも理容師として毎日研いでいる人に、研ぎの下手な人が居る筈が無い。其の人の好き嫌いによるのではないかと、ドシドシ交換に応じた。其の結果甚だしいのは三年間に七挺も交換した人があった。

科学的に十分の分析と検査をしても、切れないと云われるものが、いつになっても減らんので、私は理容師と云われる専門家でも、研ぎの拙い人がいるのでは無いかと、去年あたりから疑い出した。すると技倆の良い理容師から、正に其の通り原因は研ぎ方にあるという手紙が沢山来た。

そこで返品されたものを、一々顕微鏡で四百倍にして刃先の研ぎ具合いを見た。嗚！と驚いた。返品の大半のものが、十個所も二十個所も大きな欠けがあるのである。ナーンダ是は、鍛治屋の責任では無いじゃないか、研ぐ人の責任でないかと、独り大きな声で叫びたくなった。昭和二十七年以来足掛け七年も、私を悩まし続けたのは、実に理容師の研ぎに原因することが判ったのである。

それ以来私は返品に対しては、刃の欠けを写生し、太い砥目を画いて研ぎの指導書を送る事にしている。私はそれで解決したのだが世の中の多くのメーカーは、研ぎが拙くて切れないのに品物が悪いと云われて全部の責任を負わされ返品を食って、貧乏に喘いでおるのではあるまいか。

三条の鉋鍛治が、よく返品を持って来て判定を頼まれる事がある。セメンタイトを、金属顕微鏡で見、硬度を調べて欠点が無い時は、良く刃をつけて送り返すように勧めている。そうしたものが、再び返品された例はまだ一つも無い。

と云って返品の全部が使用者にあると云うのではない。製品そのものが悪い事も沢山ある。その何れであるかを判定する眼力を持って欲しいと、私は世の中の小売業者に深く期待するものである。

**全然切れない**

だが楽観は出来ない。十挺のうち二挺位の割合で、全然切れないとか、甘いとか、ブツ切れだとか或は切れが真ぐ止まって長切れしないといった様な、様々の小言と共に返されて来る。千挺のうち二割だから二百挺位は、酷評と共に返品されて来る。中にこんなのもある。

「砥石に原因があるかと思って、何挺も何挺も砥石を代えて見たが切れ味は思わしくない。凡ゆる研ぎ方をやって見たが依然として長切れしない。友人や師匠に研いで貰ったが皆切れないという。」

其の剃刀を再び顕微鏡で覗いてもセメンタイトは悪くない。硬度を測定しても甘くはない。何処を調べても製品に欠点はない。併し先方の研ぎも随分慎重であるから、原因が奈辺にあるのか判断に苦しむ。そこで、之を他の注文者に送って結果如何にと、片唾を飲んで待っていると、

「とても切れます。一度研いで既に一ケ月、革砥だけで使っています。独逸のヘンケルよりも切れます。」

こうなると、私は迷って了う。何故最初の人は返品したのだろうか。この様な例が実に多い。甲の人が返した物を、乙が使って褒める。丙の人の返品を丁に渡すと激賞して来る。一方逆の場合もあって、Aが使って切れたというので、Bに送ると、逆に切れないと云われる事もある。一体其の根本原因は何だろう。こうした経験は西洋剃刀の小売屋さんとしては、日常茶飯事なのではあるまいか。

**甘くて切れない**

返品の中で数多い批評は「甘くて切れない」という小言である、私の剃刀の一挺一挺の硬さを計って、その数字を箱の表面に書いて置くが、随分硬いと思う品物に対しても、此の批評が附いて凱旋して来る。測定の誤りで本当は甘いのではなかったかと思って、再び測定して見るが、矢張り硬い。では何故これを甘いと云うのか。

之に対して最初は、更に硬い物を送った。所が直ぐ返されて来る。「これも甘い」というのである。ではもっと硬い物をと思って、とても使えない様な物を送ると、「益々甘い」と来るのだ。そこで初めて、此の御客さんは、逆に甘いのが向くのでは無いかと気がつく。早速第一回の品物よりも、遙に軟らかいものを送ると、今度はとても切れると云って来る。即ち素人は切れない場合は、何でも「甘い」という批評をしてよこす癖がある。

之に味をしめて「甘い」という批評が来ると、いつもそれより更に甘い品物を送る事によって成功している。けれども柳の下には鰌が常に居る訳ではなく、硬い剃刀を好む人から、「甘い」という正しい批判が来ているのに、素人の癖だと甘く考えて、軟らかい物を送ると「前より甘くて更に切れない」と文句を云って返されて来る。まだこっちは気が附かんので、更に軟らかいのを送ると、「最初のが一番切れた」と云って来る。それでやっと、此のお方は、本当に硬い軟らかいが判る人であることが判る。周章てて硬い物を送ると、初めて試験をパスする。此の間半年も一年も経過し、五回も六回も交換しなければならない。上りの汽車に乗るのを誤って、下りの汽車に乗ったようなものであるから、それと判る迄は、何回交換しても及第しない訳である。

そこで返品が来て、交換する際は、硬い物を送れば良いのか、軟らかい物を送るべきかを考えるようになる。歴然とした判断のつかない時は、先方へ問合わせて見て、今迄使っておられる物で切れた剃刀のマークを知らせて貰う。予め舶来、国産品の各種の製品の硬さは調べて一覧表が出来ているので、硬いのを愛用しているお方には硬い物を送り、軟らかい品を常用しておられる人には、甘切れを送るようにして、解決している。

更に一歩前進して、御注文のあった時、前以て右の問合わせをして、其の人の好みの硬さと合わせる事にして、返品の防止をするようになった。

**研ぎが悪い**

最初から西洋剃刀の切味調査は、理容師さんの実地試験による実験が最も良いと考えていた。本多式切味試験器と云うものがあって、紙を切って切味を示す仕組みになっているけれども、紙と髯では性質が異るし、又、剃られた人の感じが全然入って来ないので、是は採らない事にした。

理容師として日頃客に接しておる人は、全部研ぎに就いての熟練者で、毎日其の稽古をしておられる人だから、研磨技術は完全なものと認めて、是等の人達の批評は全部が全部、実施に即した正確なものと信じきって、切味の調査に乗り出した。それは今から六年前の昭和二十七年からであった。

依って返品されて来た物に対しては、硬さを調整するとか、或は新品と交換するとかして、何回でも、何挺でも、切れると云われる迄根気良く交換した。研究調査であるから、損得は一切度外視してやって見た。其の結果は前述の如く色々様々のケースが表われて来た。一覧表を作って並べて見ると、切れると褒められた物は、硬さでビッカース七一二から八七三まで、約百段階もの多種類がある事が判明した。

うんと軟らかい甘切れの物を好む人と、物凄く硬い物を好む人と、人によって違うのである。従って甘切れを好む人に、硬い物を送れば直ちに返されるし、逆に硬切れを良しとするお方に軟らかい物を送れば、お小言を食うのは当然である。之を二人の間に入れ換えると、両方から賞讃される。

百人に一人位の割に、甘切れの物も、中位の物も、硬い物も、送った物凡てを切れると云って下さる有難い人がある。此の人達に会って話を聞くと、甘切れの剃刀は、女子供に用い、硬切れのものは大髯に使うと云った具合に、髯の性質によって剃刀を使い分けると云うのである。では何故、甘切れを好む人は、硬切れを嫌うのですかと訊ねた所、いとも簡単に、

「それは研ぎが悪いのです。」

と答えられる。理容器具屋を回ってお話を聞くと、矢張り同じような回答をされる。して見ると、理容師なら研ぎが完全無欠だと思った私の先入観念が間違っていた事になる。

それ以来返品された剃刀の刃先を、四百倍の顕微鏡で検査して見た。覗いて見て、嗚!と驚いた。大きな欠け

刃が、五個所も十個所も、甚だしいのは二十個所もあるのだ、その場合決まって、太くて深い砥石の跡がハッキリと残っている。こんな研ぎ方をして、切れるも切れないもあったものでは無いと大きな声で叫びたくなった。六ケ年間私をして新品と交換させ、長い間、頭を悩まし続けたものは、実に研ぎ方の不完全から来ているのである。その責任は尽く使用者側にあるにも拘らず、全部の罪をメーカーに着せられて来たのだ。

そこで私は一研ぎで一千人を剃る小畑健一先生の研ぎ方を、印刷に附して、返品した人達に研磨指導書として送る事にした。その際顕微鏡下で見た刃の欠け具合を、全部写生して同封する事にしている。それでもまだ研げない人には、焼戻しをかけて軟らかにして送る事にしている。

一方顕微鏡で見て見事な研ぎがしてある場合は、即座に硬い新品を送って、謝る事にしている。此の場合最初に送った剃刀が其の人にとっては軟らか過ぎるからである。

初めから使用者の研ぎ方に合った物を送れば、面倒な事は何も無い訳であるが、何しろ使う人も自己の好みの硬さが判らないし、売る方の私も判らんので、丁度闇夜に鉄砲を撃つ様な有様であるから却々に命中しない。

其の点へ来ると理容器具屋さんは、理容師の癖を知っているのでそれに応じた製品を納入するから、割合に返品が少ない。メーカーが直接売るという事は、研究にはなるが、商法の常道ではないので近頃は代理店に依頼するように努めている。

### 自信ありや

では返品の全部が、研ぎに責任があって、製造者に罪が無いかと聞かれると、然り答えられるのは、前記のような科学的の方法で造られたものであって、而も科学的の検査をした製品だけである。現在の我国の刃物が、私のような、時間も能率も考えず、唯だ一意優秀品を作るという研究品では無い事は事実であるし、又、一般零細刃物鍛冶にそれを望む事は、今の所無理があるので、研ぎが悪いと自信を以て答えられるメーカーは、極く僅かだと思われる。従って製造家の罪か、使用者の責任かは、十分なる研究調査をしなければ、迂闊に断言出来ないものである。

私は造る方の側として、十分に科学を生かして、自信のある物を作って欲しいと希望するが、一方刃物を販売する小売業者が、もう少し勉強をされて、使用者が切れないと言って来た場合、科学的な方法で之を調べて、先様が納得の行くような説明をし、研ぎ方を教えてやるか、又は自分で研いで上げる所までサービスして貰いたいと思う。返品があれば何でも彼でも唯々諾々として受取り、それを卸屋に返し、メーカーに無実の罪を着せるようなことが、無くなるように祈っている者である。

（「金物タイムス」昭和三十年七月号・八月号）

# 名倉砥の現地調査

レーザーの優秀品を造っても、砥石が悪いと良い切味が出ない事が判ったので京都本山砥と、三河の名倉砥の産地を調べに行った、本報告は其のうちの名倉に関する物である。

## 歴　史

名倉砥の産地は、愛知県北設楽（きたしだら）郡三輪村砥山であって、従来言われている様に名倉村とか名倉山から出ているのではない。三輪村の隣が振草村で、振草村に隣接して名倉村があるけれども、名倉村の方からは砥石が出ていない。恐らく昔は此の辺一帯が名倉村と言われたが、或は砥石は名倉村へ運び出されて此処から諸国へ売り出された為に、其名を得たものと思われる。

写真１　砥山へ行く途中にある蟬ヶ滝

土地の伝説では、平家の落武者、名倉左近が刀を研いで見て発見したと言われている。

## 交　通

砥石の山へ行くには、東海道線の豊橋駅から、飯田線の電車に乗り換え、北上する事約一時間半、三河川合（かわい）駅下車、そこから宇連（うれ）川を遡ること約三里半（十四粁）で砥山に到着する。

宇連川は、実は清澄な水で、濁りの全くない川底の

写真２　砥山へ行く途中の木馬（きうま）道、最後尾に歩く筆者

石を一つ一つ数える事の出来る様な奇麗な水である。途中蝉ヶ滝の絶景もある。（写真１）

砥山に近づくと、道は木材運搬用の木馬（きうま）道という木橋が多くなり（写真２）却々の難路である。（写真３）

**地質**

地質学上から言えば、此の地方は、赤石山脈と木曽山脈が南進して来て、此の辺で解け合った広い山地で（註一）中新統第二の推積で下部は巨礫を含む厚い礫岩がある。砥山の南方にある鳳来寺山を中心とする流紋岩の火山活動があって、その降らした灰が上部の凝灰岩となり（註二）名倉砥は石英粗面岩質凝灰岩となっている（註三）

（註一）理学博士　槇山次郎氏著　日本地質誌、中部地方、三頁
（註二）同右　一四七頁
（註三）鈴木博士地質学雑誌　三百十九号、研磨材に就いて　七五頁

**礦山**

砥石を出す所は、明神山から谷を隔てた西側の山の中腹であって、通称砥山といっている。官有林である為、予め営林署に請願して、一ヶ年の採掘重量に対して、金を納めて許可を受け、毎月採掘量を報告する事になっている。

以前は三輪村の人が、三軒で掘っていたが、今では**村松利一**氏一軒となり、三人で採掘している。

坑道の入口は、海抜約六百五十米の所に、二十数個所ある。大部分は廃坑となり現在使用しているのは、其中

写真3　名倉砥の調査隊一行、右より二人目浅野長幸先生、女子は愛知県立公共職業補導所理容科の生徒さん

二、三個所に過ぎない。何しろ幾百年間掘った為、山の中は蜂の巣の様になっている。砥石の層が薄いから、必要以上の部分を掘らないので、坑道は全く狭い。蹲んで歩くか、屈がんで歩くか、所によっては四ツン匐いにならねばならん（写真4）。洋服も帽子も、先ずは泥んこになって了う。深さは入口から百米から二百米位は掘進しており、今も毎日掘り進められている。

## 礦　脈

礦脈は略々水平である。これを追って山脈の到る所から掘り進んだ訳である。土地の人達は「三河白」と呼び、層によって第一表の様に分けている。砥石となる層は僅に二尺六寸しかないから（写真5）坑内作業は蹲んだままである（写真6）。

礦脈は山の中腹にも顔を出している（写真7）。併し是は質は悪くて、砥石には使えない。

採掘した物が全部使用出来るのでなく割って見て針（星、石気）のある物は、岩盤の支えとして充塡用に使われ、坑道の外へ運び出さない。三分の二又はそれ以上が不良の品

写真4　匐伏前進する坑道

第一表　三河白の分類・上層から下底へ

| 番号 | 品名 | 厚さ | 用途 | 特質 |
|---|---|---|---|---|
| 1 | めじろ | 八寸（二四粍） | 剃刀・鋏・鉋 | 小孔あり、一寸位に剝げる |
| 2 | てんじょう | 一寸（三粍） | 〃 | 小孔あり |
| 3 | ぶちこう | 一尺（三〇粍） | なし | |
| 4 | こま | 二寸～二寸五分（六粍～七・六粍） | 刀剣、剃刀、鉋鋏 | 黒点あり |
| 5 | ぼたん | 一寸（三粍） | 剃刀・鋏・鉋 | 三分の一位の所に筋あり割れる |
| 6 | やえぼたん | 二寸五分（七・六粍） | 〃 | 中央に筋あり一寸位に剝げる |
| 7 | むし | 二寸（六粍） | なし | |
| 8 | あつ | 二寸五分～三寸（七・六粍～九粍） | 鎌 | 石は荒い |
| 9 | ばん | 二寸（六粍） | 鎌 | 硬くしまっているが一番荒い |
| 10 | しきばん | 三寸（九粍） | なし | |
| | 計 | 約二尺六寸　約（八〇粍） | | |

写真5　厚さ約二尺六寸しかない砥石の層

写真5附図・1…目白、2…天上、3…ぶちこう、4…こま
5…牡丹、6…八重牡丹、7…むし、8…あつ
9…ばん、10…しきばん。其上下は岩盤

**写真6**　坑内にて蹲んだままで砥石の折口を検査しているところ、左の中折帽は筆者

**写真7**　山腹に見える砥石の露頭、凹んでいる所がそれ。石の質は悪い

である。

昔は刀剣の研師が使っていた**こま名倉**を主として採ったので、こま名倉以外の**ぼたん名倉**、**めじろ名倉**、**てんじょう名倉**等は、山の支えとして掘った跡に詰めてあったので、今これを掘り出す丈けで相当の量はあるから、当分は心配ないが終いには無くなるであろう。それ故大切に使用すべきものである。殊に三河白は地下へ掘ったからとて出る訳でなく、水平に拡がっている層を、山の三方から掘り進んだのであるから、石が尽きる事は案外に早いかも知れない。此点京都の本山の様に、地底に砥石の層が進んでいるのは、まだ前途不安はない。

**石の性質**

剃刀及び鋏用として五種類の名倉があるうち、軟い物から順に書き並べると、

**一、ぼたん　二、やえぼたん　三、めじろ　四、てんじょう　五、こま**

の様になる。

一番軟い「**ぼたん**」の中にも硬い物があり「**こま**」の中にも軟い物があり、右の順は判然としたものでなく大

体であって、使用者が四、五種類を持って、自己の本山砥に擦って見れば、容易に判断のつく物である。

色は大体に於て白色であるが、時折縞模様の美しい柾目、板目の石が出て来る。之を、縞牡丹、縞目白、縞天上、縞細等といって、珍重する。又実際に使って、縞模様のある物はレーザーを研いで見て、良い刃がつくので、特級品とされている。

普通世間では、「とらきじ」とか「しまきじ」と言っているが、山ではそういう名は用いていない。砥石屋の方で純白の名倉を「白鳥」といっているが、これ亦山元では使用していない。

こま名倉の砥粒の大きさについて、直径〇・〇一～〇・〇二粍と測定され、絹雲母の少量を含む事が知られている（註四）。

名倉と云っても、中に針（又は星、石気）の含んでいるのはそこが硬く大粒で研磨の際に刃先を欠くので、不良品とされているが、針が何であるかは、まだ誰も調べていない。

（註四） 工学博士俵国一先生著　日本刀の科学的研究。日本刀の研磨法に就き。一一五頁

## 仕上げ

山から掘り出された石は、川合村まで運び、手挽鋸で切り、表面は大村砥で研ぎあげる。

鋏用としては、巾二寸（六糎）長さ六寸（十八糎）厚さ一寸二分から八分（三・六糎～二・四糎）位に作り、鉋用には、巾二寸四分（七糎）長さ六寸五分（一九・八糎）厚さは一寸二分～八分（三・六糎～二・四糎）位にする。

刀剣用に使われる「こま名倉」は鋸で挽かず、山で鉈で削った儘である。「ひきころ」はこうした物を切り出した残りから取るもので、子供の拳骨位の大きさがあり重量にすると、大体四十匁～五十匁（約二〇〇瓦）で、本山砥の上擦り用に使用する。

「切出し」と云うのは石の「ころ」より更に小さい切屑で、大体十匁から三十匁（約八十瓦）の物である。

## 電子顕微鏡写真

名倉の砥糞は要らないという説が最近に出た。刀剣の方では、本山の一種「内雲」（うちぐもり）にかける前に、必らず「こま名倉」をかける。本山よりも砥粒が荒いので、その前に掛けた、中名倉（ちゅうなぐら）の砥目を落すのに、絶対必要とされている。

レーザーの世界に於ても、大きく刃が欠けた場合に要るのではあるまいかと、考えて、名倉を、日本電子光学研究所の石井忠先生に御願いして、電子顕微鏡で一万倍にして戴いた（**写真8**）。同時に酸化セリウムも撮って貰った。これはフランス製の研磨剤で、顕微鏡のレンズ磨きに愛用されている（**写真9**）。此の両者は全く相似た六角板状の結晶をしている。而も名倉は、刀剣を始め、レーザーとか挾の大きな欠けを、研ぎ落すのに、偉力を発揮する。

これから考えると、名倉の様な優秀な研磨剤は洗い流して了う事は惜しい。

刃の欠損が小さい時は、本山だけで修理出来ようが、少し大きくなると、本山だけでは、却々欠けが取れない。此時名倉の砥粒を用いると、

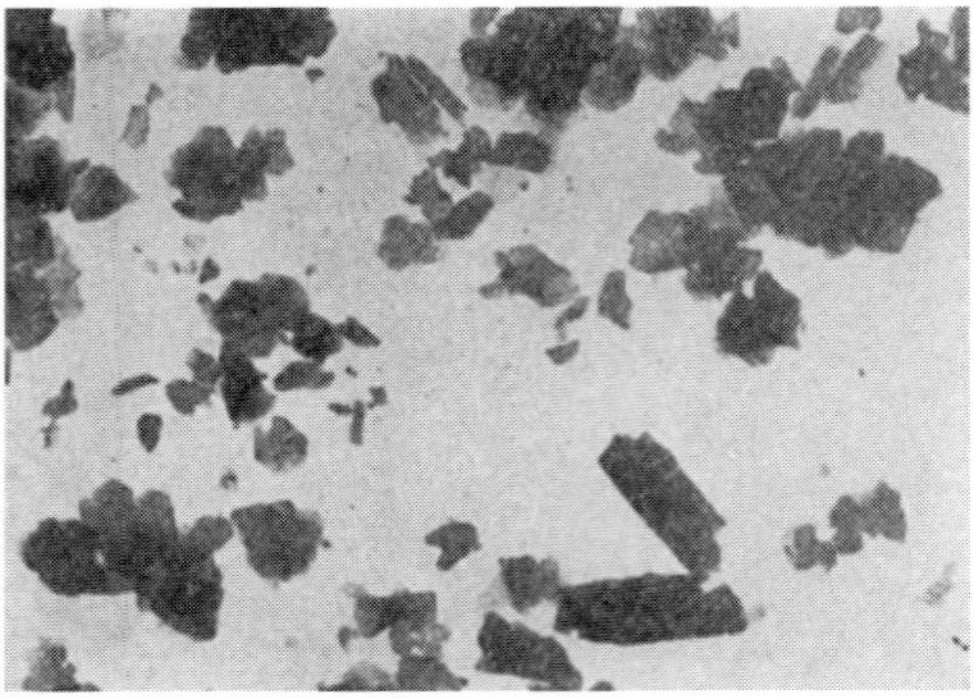

**写真8　名倉砥の砥粒**…電子顕微鏡により10,000倍（$\frac{7}{10}$に縮尺）撮影者石井忠先生

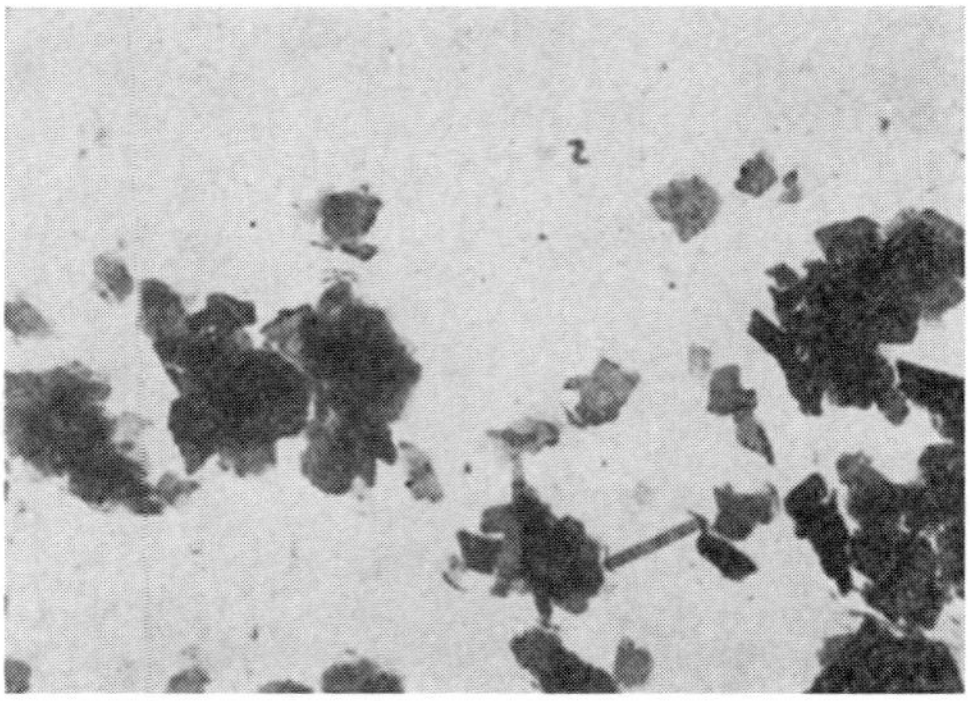

**写真9　酸化セリウム**（仏蘭西製）の結晶、電子顕微鏡により10,000倍（$\frac{7}{10}$に縮尺）撮影者石井忠先生

刃の欠損が迅速に取り去られる。研ぎ乍ら、三百倍位の顕微鏡で見ると、此の事が明瞭に判る。

刃先の大きな欠けが取れたなら、それから後の、本山砥による仕上げ研ぎには名倉の砥汁は要らない訳であるから、その時には洗い流すのがよいと思う。

鉋や刀剣の様に、長さ六寸位の大型の名倉を使って、レーザーの中研ぎをしてそれから本山に掛ける研ぎ方も今後研究されるべきであろう。名倉は上擦り以外使ってならない訳ではない。

**鋏用名倉**

関西では、以前から、鋏の研ぎには名倉を使っていた。刀剣の方でも、其切味は、名倉砥の筋違研ぎの終わったものを、最上なりとしている。その刃形が著しい鋸歯状をなしているので、引っ搔く様の作用をする為かと考えられる（**註四**）が、鋏の方でも、此の鋸歯状が、毛を嚙んで滑るのを防ぐ作用をする。

若し鋏をレーザーの様に、本山で研いだとすれば、刃先は直線に近くなり、どうしても毛は滑り気味になる。アメリカでは、骨を切る鋏や、枝を切る鋏に、態々鋸歯状を鑢で切り込み、滑るのを防いでいる。殊に鋏は、使い方が荒いから、研ぐ頃になると、刃先は非道く欠けている。これを手早く刃をつけるには、名倉が適当である。

この点を考えずに、笹葉だの柳葉だのと、形のみを論じている鋏の研究者に、砥石による刃先の形と切味の変り方について研究して戴きたいと希望する。

**粗悪の名倉**

昔から名倉として、業者に親しまれたのが、三輪村砥山産である事を、私は現地を調べて始めて判ったが、此の石と全く外観の同じ物が、愛知県北設楽（しだら）郡の振草村神田（かだ）と津具村、及び飛驒（ひだ）の高山から掘り出される。色は白色であり、薄黄あり、縞物あり、素人が見たら全然区別がつかない。

併し一度使って見ると、天地雲泥の差であって、粗悪の名倉では、針が多くて刃先が研げる処でなく、逆に欠けが増して来る様な事が多い。

而も此の粗悪品は、ダイナマイトで爆破して、大量に出しているから、値段は安い。安い方に飛びつくのが人情であるので業者は多く之を求める。

従って本物の方は売れないから、段々人数が減って、閉山の一歩手前、少人数で採掘している有様である。

一方産額が減るので、鋏用の名倉が関西の愛用者の手に届かない。名倉が無くなって了ったとすら信じている人が多い。こうした現状であるから、業者の名倉を拝見した処、多くは粗悪の名倉であった。中には白名倉に絶望して、対馬産の黒名倉のみしか使わない人がある。

レーザーを折角、苦心して造っても、粗悪の名倉であると、良い刃がつかない。殊にレーザーの硬度の高い物であると、一寸した欠けでも、本山砥では取れない。どうしても良質の名倉を使って貰わねば困る。欠けを取り去らずに本山で研いでも、矢張り欠け歯が残る。これを使用しても切れない。切れないとなると名倉が悪いとは、決して考えない。レーザーの作者が悪い、レーザーが悪いと言われる。

それで私は、レーザーを切らせの為に優秀な本当の名倉を、皆様方に御世話したくなった。と云っても、私自身には鑑別の眼力が無いので、名倉の研究では、日本随一である、浅野長幸先生に、鑑定を御願いする事にした。

浅野先生は、愛知県立宝飯（ほい）公共職業補導所の理容科主任講師である。鳳来寺山の石を持って来て、硯を造ったり石の彫刻をやったり、窯を築いて陶器を焼いたり、誠に多芸な人である。学校の講師に就任するや、器具類一切を売却、店を閉じて、一意専心、教育の仕事に打ち込んで居られる。御会しても誠に春風たい蕩、芸術家の匂いの濃いお方である。

御鑑定願った名倉には「こま」「ぼたん」「めじろ」等の品種別と、特級上級の別に書いた上に「検浅野」の判こうを捺して下さる事になった。こうすれば、粗悪品の混入を完全に防止出来る。

全国理容連盟本部の陳列棚に、良質の本山砥が正札附きで並べてある。其傍に名倉砥も並べるから御利用願いたい。東京の本部へ行けないお方は、直接私の所へ申込んで下さる様お願いする。価格は広告の方へ出させて貰った。

本山砥に関しては、次号に報告するが是亦優秀品の選定となると、誰方様も苦労しておられるので、遠方のお方の為に御斡旋をする事にしている。御連絡願いたい。

## 結び

名倉砥石は、科学的に研究されていないので、これをやらねばならぬと考え、京都大学理容部地質科教授、理学博士松下進先生に、御援助を御願いした処、快く御承諾下さったので、将来その結果が発表されるであろう。又電子顕微鏡による研究には、日本電子光学研究所の石井忠先生が、御力を貸して下さる事になっているので、微妙な砥粒の形が、段々出て来る事と思う。

今回の調査に当って、日程宿舎から案内説明まで、一切の御指導は浅野長幸先生に負う所が多い、写真は、福井利雄先生石田元信君の撮影になるものである。行を共にされた近藤豊先生、河井喜節先生にも種々御配慮に与った。村松睦市君、坂本操さんにも、御面倒を見て貰った。茲に謹で感謝の意を表す。

（「かがみ」昭和三十年六月号）

# 本山砥の現地調査

## 緒言

玉鋼のレーザーを造るに当って、原料の鋼を分析して、舶来品以上である事を確かめ、顕微鏡によってセメンタイトが舶来品に優っていることを認め、硬度検査をして舶来品に劣らない事を調べた上で、舶来品に負けない完全な品物であるとの自信を以て、売り出したのに、十人に一人、二十人に一人は、切れないと言って返して来る。何故切れないかという問題で、四・五年来、頭を悩まし続けた。返って来たレーザーを、他の人に送ると不思議にも皆切れるのである。切れると信じているのに、切らし得ない人がいる。一体その原因は何だろうかとの、疑問を持ち続けた。

科学的に調べて欠点の無い物が切れないとなれば、それは研ぎ方が悪いか、砥石が悪いかの何れかであろう。色々調査した結果、砥石に原因がある事をやっと突き止めた。

理容師の持っている砥石が悪いばかりに、製作者の苦心が認められず、逆に攻撃されるという事位、矛盾した話はない。

使用者にして見ても、折角良質のレーザーを持ち乍ら、砥石に欠陥があるのに気が附かず、切らせる事が出来ない位、損な話はない。

併し砥石がそれ程、切味に対して重要な役割をしている事を、従来の雑誌類は叫んではいない。従って多くの人は、割合に無関心に過ぎて来た。

その上、最も多く使われている国産のレーザーが大体に於て軟い。殊に安価なランギー式は、全部といっていい位に頗る以て軟である。軟い物を研ぐのは簡単であるから、どんな砥石でも、容易に刃が着く。従って砥石の選択が粗漏になり、硬いレーザーを研ぐとなると、刃がつかないという結果になる。

軟いレーザーを研いで自信を持っているから、硬い物が切れない場合、砥石が悪いのではないかとの、疑問を持つ事無く、砥石に対する反省もなく、イトも簡単に、このレーザーは切れないと、断定して投げ出して了う。

今迄はレーザー製作者の方が、科学的に調べてないから、砥石が粗悪だ、といって反撃する材料が手許になかった。返品された物を唯々諾々として受取り、次の人に売り渡す、偶々良い砥石を持っている人は切らすから、そこへ納る。

斯くして、不良砥石の持主は、一生涯砥石に対して考える事無く、軟いレーザーだけを使い続けて行くのである。

一方製作者は、硬い物が大髯に対して長切れする事を知っていても、叱言が多いから、努めて軟い物を世の中へ送り出す。従って軟いランギーの様な物が大量に用いられる事になる。その結果、愈々益々理容師は砥石に対して無関心になって来る。

右の現象は、硬い良質のレーザーを造る者にとって耐え難い事である。良いレーザーを切らして貰いたいばかりに、私は本山の砥石を調べに行った。

## 産　地

合せ砥の産地は、京都近傍のみであって、砥石の脈は、京都市から、西北方十五里（六〇粁）位に亘って伸びている。高雄山から愛宕山を結ぶ線上に並び、山陰線の鉄道を越えて、丹波国南桑田郡及び船井郡の砥石の集散地の八木町に及んでいる。

主なる砥石山の名を掲げると、木津山、向田（むかいだ）、中山、奥殿、大突（おおずく）、宗五郎山、尾崎山、

写真第１　中山の全景

愛宕（あたご）山、原、宮前、八木島、大内等、大小三十数個所ある。

このうち、京都市右京区高尾梅ヶ畑中山から出る砥石を、昔から本山（ほんやま）といっていた。他の山の砥石は本山とは言わなかった。併し本山が売れるので、皆「正本山」の銘を打つ様になった私の調査目標はこの本山を出す中山であった。

この山へ行くには、京都駅から、高尾行のバスに乗り、高尾病院前に下車して左を見ると、写真第1の山が指顧の間に見え、歩いて三、四分で到達する事が出来る。行く道の溝にも砥石と同じ色の石で橋がかかり、路傍には沢山の破片を見る。家の近くになると、石段も砥石で出来ている。勿論悪い石で、剃刀を研げる様な石を、捨てる訳がない。（写真第１・第２参照）

## 地　質

京都大学教授理学博士松下進先生の「日本地方地質誌近畿地方」に依ると、「京都西山・北西山地・北山の古生層は殆んど全く二畳系に属するものということが出来る。京都北西山地には第２・第３層に石灰岩レンズが挾っているが、その中からはまだ化石は発見されない。北西山地の第３層の

写真第２　溝に懸けられた橋も砥石と同じ色の石である

基底にしたものは、いわゆるアジノール板岩であって、新鮮なものは多少青味を帯びた灰黒色であるが普通の頁岩よりいくらか珪質で硬く、すぐに風化して黄褐色になる。これは古く比企博士が指摘されたとおりアジノールではないが、特色のある岩石で鍵層として使える。この岩石は剃刀砥に適し、鳴滝砥と呼ばれて古くから、鳴滝・梅ヶ畑・愛宕山・月輪寺山頂東側・越ヶ畑に於ては採掘されている。」

右の砥石を比企忠博士は分析され、明治三十五年の地質学誌第九巻（一四二頁）に発表して居られる。それによると、

| | 珪酸 | 酸化鉄 | 酸化アルミニウム | 酸化カルシウム |
|---|---|---|---|---|
| A | 七四・〇〇 | 六・二二 | 一〇・六二 | 一・一二 |
| B | 七八・八〇 | 三・三〇 | 一二・一七 | 一・五六 |

となっている。右のうち、酸化鉄も酸化アルミニウムも、共に研磨剤として大切なものであるから是が研石の役目を果たすのであろう。

写真第３　石段は皆砥石と同じ色の石で出来ている。勿論使えない石である

## 歴史

梅ヶ畑村誌―高岡義海編―によれば、

中山を本山というのは、後鳥羽院の項、北面の武士、本間藤左衛門時成が、功労によって採掘権を貰って、子孫が之を掘ったので、本間山を短かくして、本山といった事になっている。

砥石を此の地方から掘ったのは、それよりも古く、寛喜二年の「禅妙尼寺太政官符」に「西ハ砥取山ノ峰尾筋ヲ限ル」との一句があるから、平安朝時代か

写真第４　坑道入口

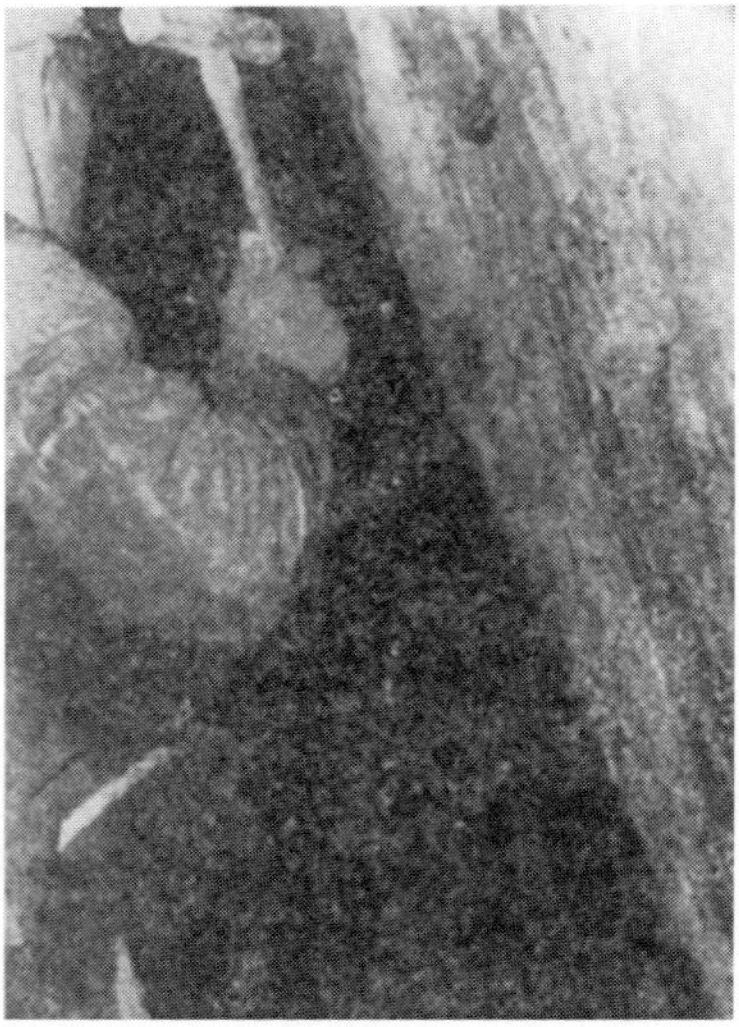

写真第５　60度に傾いている脈を剥いでいる所

ら、砥石を採掘していた事が知られる。

明治になって、本間氏の手から、現在の所有者加藤氏の手に移った。

**礦　脈**

礦山の入口は写真第４の如く、人が立って歩ける位で、トロッコを以て、礦石を運び出している。

掘進にはダイナマイトで爆破している。礦脈は写真第５の様に南を枕にして六十度の傾斜をしている所を、鑿で剥ぎ取る。

砥石は何枚かの層になって、第１図の様になっている。最上部は地表に顔を出していて千枚岩と呼び、その下の「白ごくどう」と共に砥石にはならない。

砥石になるのは、普通品として八枚、千枚、あいさで、巣板（すいた）は高級品と普通品が混り、普砥（なみと）は高級品、戸前（とまえ）は最高級品を出す。厚さは図示した様に、戸前（とまえ）は二間もあり、最も薄い千枚でも、二尺の厚みがある。

之が尽く砥石になれば砥石も安くなるのだが、数百年間採掘した為、楽に採れる所は、昔の人が取って了ったので、今では礦道は益々深くなり、二、三百米の奥になっている。空気が濁っている為、奥へ進むに従って眠くなり、あくびが出て来る。

奥の脈を掘れば全部砥石が取れるかというと、そうではなかった、地層の動きで尽く砕けて、掘れども掘れども、握拳位の大きさに砕けた物ばかりで、砥石になる大きさの物が、一つも出ない所もあるし、泥ばかりの部分もある。掘り出した百分の一が、砥石になるかと思われる位である。写真第6は、中山の砥石の廃石が沢山捨てられている所を示した。

**写真第6**　中山の廃坑、右手の洋館は高尾病院、バスは此所に停る

**写真第7**　木津山の廃石を積みあげた所

**各礦山**

中山産の砥石が、昔から本山（ほんやま）として賞用され。他の山の砥石は本山と言わなかった事は既述の通りで

ある。他の山の石と比較して見る。（第2図参照）

1 **中山**、本山と称し上等品で此上に出る砥石は無い。

2 **大突山**（おおずく山）、右京区善妙寺町にあり、上等品の下という所で、中山より少し劣るが、他の何れよりも優っている。分子が細かで、石に癖がない。巣板には針がなくて、却々良いが現在は休んで、砥石を温存している。中山と共に加藤一族の所有になっておる。

3 **宗五郎山**、菖蒲ヶ谷（しょうぶがたに）にあり、高島宗五郎氏が所有しているのでその名をつけてある。中等品として上の部で、巣板に針がない。併し此山の戸前（とまえ）には針がある。

4 **奥殿**、右京区善明寺町にあり、大突の後にある。中等品の上の部に入り、巣板がよく鋼を卸す点に於ては、他の山の石より優れているけれども、刃先が荒れるので、剃刀を研ぐと、肌ざわりが痛い。それ故此処の巣板は大工用の鉋に用いる。戸前には針がある。

5 **八木島**、船井郡にある礦山で、中等品の上を出す。

6 **原**、正しくは右京区樒（しきみ）ヶ原といい、中等品である。うんと厚い物が取れる。刀剣を研ぐ内曇（うちぐもり）は、此処から出る。

7 **大内**、船井郡にあり、中等品を出す。

8 **木津山**、地巻面では音戸山（おんどやま）といい、嵯峨の大沢の池の北にある。写真第7は、此山の廃石を段々に積み重ねた所を示す。此処は非常に大量の石を産出するが、中等品である。

9 **向田**（むかいだ）、右京区鳴滝にある、一見とても美しい砥石ではあるが余り研げない。中等品である。

10 **尾崎山**、菖蒲谷六番の一で、加藤氏の所有の山である。鋼をよく卸すが、質は中等品である。

11 **愛宕**（あたご）山の東側、中等品であるが、厚い大きな石の出るのが特徴である。

右を一覧して判る通り、上等品の出る山の石は大体上等であるが、中等品の出る山から、上等品は出ないのである。一般の人は、沢山の山から出る石の中から上等、中等品を選び出すと思っているらしいが、これは誤りであって、中等品の出る山の石は、全部中等であって、決して上等品が出ない。即ち山によって始めから品質は決定しておる。

## 砥石の鑑定

従来の雑誌や、書物には、砥石の鑑別法を、相当詳細に書いてあるが、私が砥石の山で聞いたり、京都の砥石屋で教わった所では、残念乍ら、砥石を肉眼で鑑別する方法は存在していない。

色で区別する事を教えている人があるが、前記の如く中等品で、卵色の美しい砥石がある。その外観に惚れて、剃刀を研いでも、良い刃がつかない。

硬い石は軟いレーザーに良いとか、軟い石は硬いレーザーに良いと、通常言われて居るけれども、上等の中山産の本山（ほんやま）砥なら、硬くても軟かでもよくレーザーが研げる。逆に中等品を持って来れば、軟らかであろうと、硬かろうと、良く研げないのである。

日光にすかして見て、鑑別する方法を書いた物もあるが、人間の目に光って見える様な特別大きな粒は、鑑定の標準にならない。本当の砥粒は、肉眼には見えないのである。

マッチを擦って見る人があるけれども砥石なら善悪に関係なくマッチに火が点く。

斯く観じ来れば、肉眼による鑑別法は無いと云う事になる。全く無いのである。無いのを、有る様に思って、色々説明するから、それに従って鑑定している。依って先ず当らないのが普通である。

然らば、何を根拠として、昔から珍重された真物の本山を求めるか。それは中山の砥石は第3図の様に頭部横腹の切口に、登録商標として、㋕正本山という判こうが、ゴム印で捺してあるから、それを目当てにして戴き度い。砥石の頭部切口、というのは鋸目のある部分であって、ツルツルした表とか、皮の附いている裏ではない。

㋕のカは、加藤のカである。

中山の砥石を買求めた砥石の卸問屋は表をよく磨いて、品質によって区別する。此際、畑中砥石株式会社は、純真正本山と捺し、倉本砥石商会は「正真」「純正山合砥」と捺すから、側面にある「㋕正本山」と共に、購入に際してよき目標となろう。

**色について**

真物の本山の一つの特徴は、砥石の表面が綺麗でない点である。筋があるとか色の違った部分があるとか、何か別の模様が出ているとかして、全面一様の美しさを保っているものは先ずは無い。他の山からは、それこそ卵色の、一点の雲も入ってない美しい、綺麗な石が出るが、研いで見ると、美しくない。本山の方が、遙に切味のよい刃をつける。

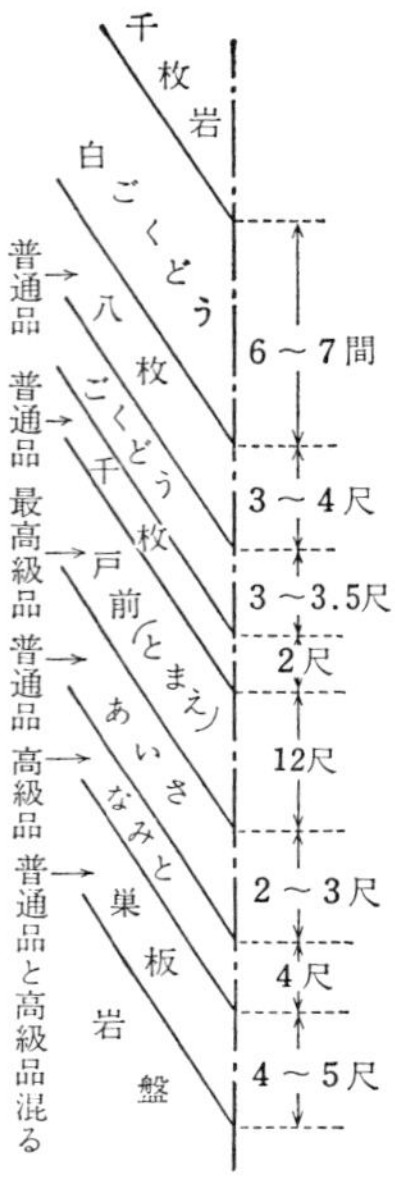


第１図　本山砥の層

本山の石には、白、卵、赤褐色、梨子地、浅黄、青等、様々あるが、色は研ぎ味には無関係で、良い石には青いのもあるし、赤褐色のもある。白を特に珍重する人もあるが、悪い白もあるし、善いのもある。

唯、卵色を多くの人が好み、商品として、高く売れるので、高価ではある。高価だからとて、値段に正比例して、研げるという訳ではない。実用価値から云うなら、中位の値段の物なら、上位の価格の物と、別段の差はないものである。

**名称と寸法**

砥石の名称と寸法は、次の様になっている。

| 名称 | 長寸 | 巾寸 | 原寸 | 形 |
|---|---|---|---|---|
| 大判 | 七・六 | 三以上 | 二 | 長方形 |

| | | | | |
|---|---|---|---|---|
| 尺長 | 七・二 | 二、七 | 一、五 | 長方形 |
| 三十切 | 六、八 | 二、五 | 一、二 | 〃 |
| 四十抜 | 六、八 | 二、五 | 一、一 | 角落ち |
| 四十切 | 六、四 | 二、三 | ○、八 | 長方形 |
| 六十抜 | 六、四 | 二、三 | ○、八 | 角落ち |
| 六十切 | 六、○ | 二、一 | ○、七 | 長方形 |
| 八十抜 | 六、○ | 二・一 | ○、七 | 角落ち |
| 八十切 | 五、二 | 一、六 | ○、六 | 長方形 |
| 百　抜 | 五、二 | 一、八 | ○、五 | 角落ち |
| 百　切 | 五、二 | 一、六 | ○、五 | 長方形 |
| サン四十入 | 六、八 | 不定 | 一、一 | 不　定 |
| サン六十入 | 六、四 | 不定 | ○、八 | 不　定 |
| レーザー用 | 四、五 | 二、五 | ○、六 | 不　定 |
| 昆布屋庖丁用 | 四、八 | 三、二 | 一、二 | 長方形 |

茲に掲げた四十とか八十の数字は、一梱十六貫として、四十挺入る物は四十切といい、八十挺入るのは八十抜という如く一梱包中の砥石の数を示している。

格づけは、特級品、別大上、大上、上級、一級徳用、二級徳用の六段に分けてある。此中、一級徳用は、砥石表面に筋があるとか、星があるが、実用には差支えないものである。二級徳用は、筋とか星を掘り取れば、使う事が出来る物である。

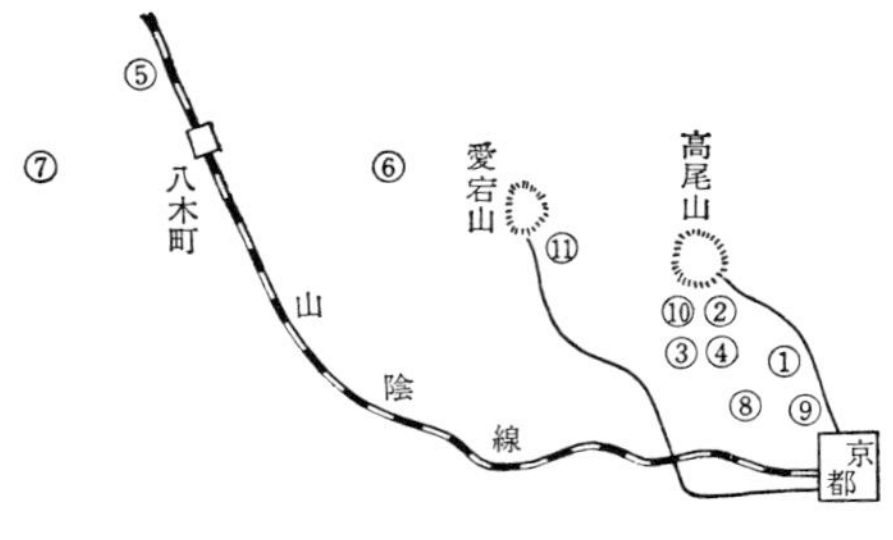


第２図　合砥の産地―１中山、２大突山、３宗五郎山、４奥殿、５八木島、６原、７大内、８木津山、９向田、10尾崎山、11愛宕山

二分かし分の薄い物で、品質が良くて板を裏に貼った品がある。価格が安くて相当使えるので御勧め出来る。

値段は最高二万五千円位から、最低三百円位迄あるので、各人の好みの物を選び得る。

東京の人は、全国理容連盟本部に、陳列販売しておるから、之を求められる。地方の人達は、本誌広告に出ている淵岡砥石株式会社の物を推薦する。

**顕微鏡写真**

新潟市の理容師、野沢信次君が、新潟医科大学の電子顕微鏡で、本山の粒子を写して、貰われた物をここに掲げる。何れも四千倍であって、写真第８は、価格一万円の石、写真第９は六千円の砥石、写真第10は、本山の浅黄色の物であり、写真第11は刀剣研磨用の内曇である。是等の写真から、まだ何の結論も出せないがこんな形をしている事を先ず知って置き度い。

良い砥石と、悪い砥石の差違を、何かの方法で、顕微鏡で摑む方法を見つけたいものである。

**からす砥**

からす砥という物が、非常によいと言う人があるけれども、昔はからす砥は、不良品として棄てていた物である。それを行商人が安く買って行って、良い砥石だと宣伝した為、今では随分高価に売買されている。

併しこの砥石は、昔棄てただけに、最良の刃が附かないから、硬いレーザーの研ぎには、御使用にならない方がよいし高い代金をお求めにならない様に御注意願いたい。

## 使用方法

如何に本山を求めても、使い方を知らないと、硬いレーザーを研ぐ際に効力を発揮出来ない。それを十分に発揮するには、名倉砥として、ぼたん、目白、天上こま、八重ぼたんの中から、荒・中・細の三種を選び出す、それを次の様に使う。

(1) 荒目の名倉を強くかけて、砥泥をタップリと出す。
(2) 其上で研ぐ事により、大きな欠け歯を無くして了う。
(3) 砥汁を全部洗い流し、レーザーも洗う。
(4) 中目の名倉をかけ、砥泥を作る。
(5) その上で研ぎ、中位の欠け歯を取り去る。
(6) 砥汁とレーザーをよく洗う。
(7) 細い名倉をかけ、砥泥を出す。
(8) その上で研ぎ、細かな欠けを研ぎ落す。
(9) 泥汁を洗い、レーザーを洗う。
(10) 細い名倉を静にかける、レーザーは研がず。
(11) 砥泥を洗い流す。
(12) 本山の上に、シャンプー二、三滴をたらして、レーザーを研ぎ上げる。

順々に歯を細かくしてゆく方法である本方法は、新潟県三条市常盤町吉川貞作先生の研究で、非常に合理的であるから、一度実験して戴き度い。名倉の荒・中・細の三者を区別するのが一寸面倒であるが、何個かの石を擦って見て、レーザーを研いで見たり、その刃先を顕微鏡で見たりすると判る。

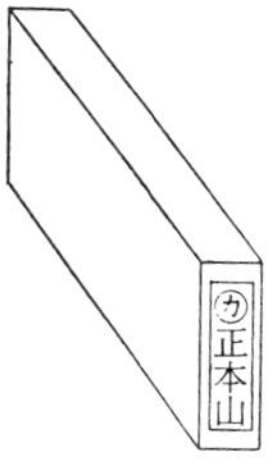

第３図　本山のマーク

## 本山砥の電子顕微鏡写真4000倍

（新潟医大にて撮影　野沢信次君提供）

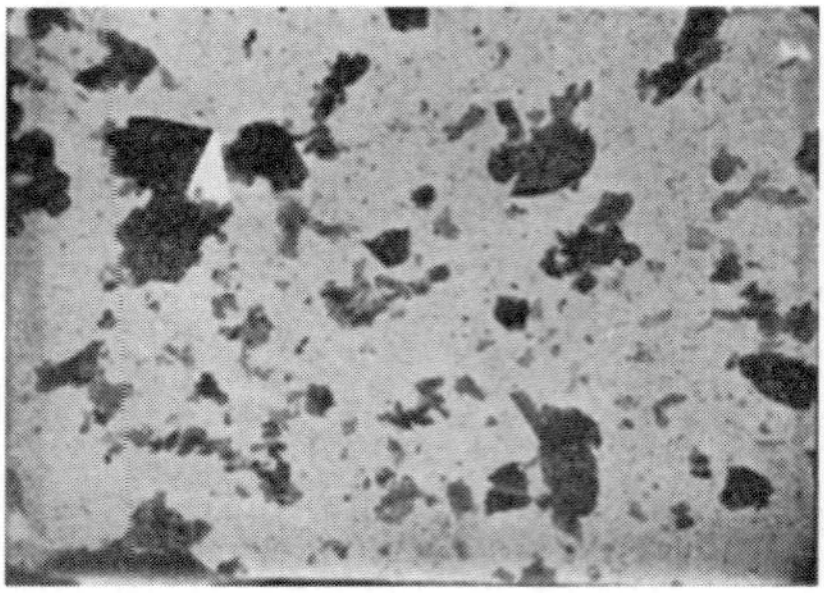

写真第8　一万円の本山

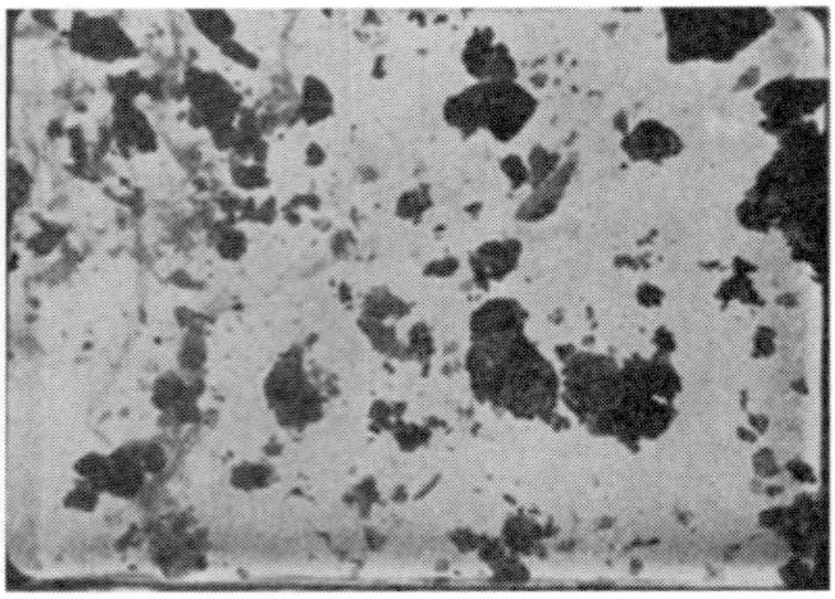

写真第9　六千円の本山

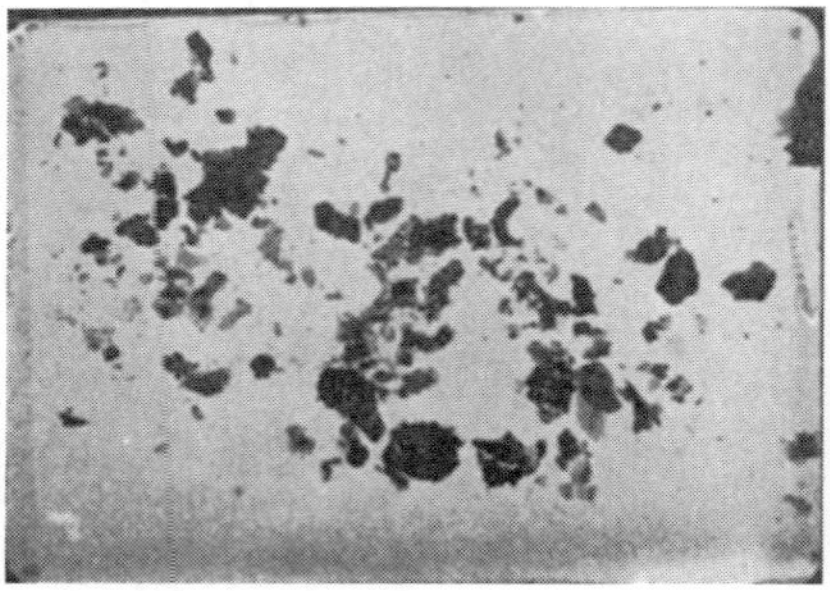

写真第10　浅黄色の本山

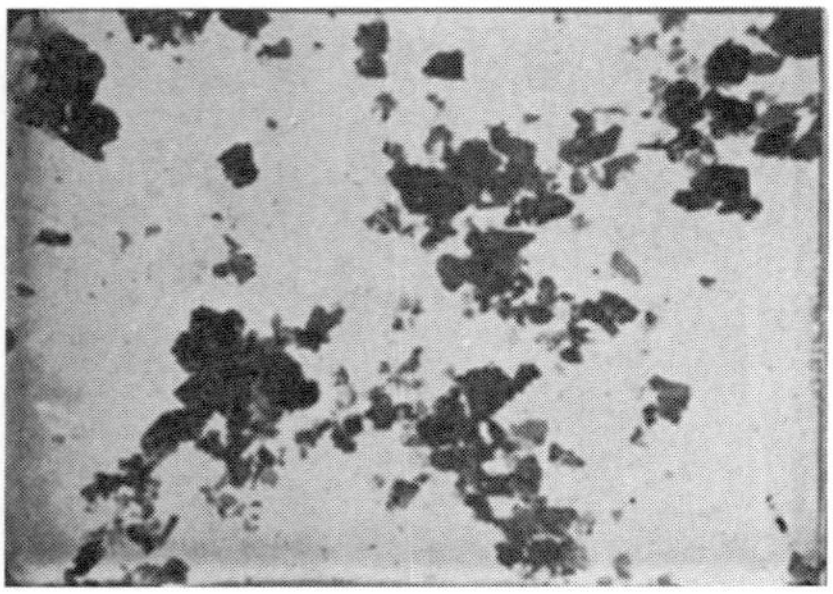

写真第11　内曇砥

けれども多くの人は、顕微鏡が無いから、一寸此の実験は、困難かも知れない。刃先を見る生物顕微鏡は三百倍で四千五百円、六百倍で六千円であるから、出来る限りそれを求めて、研いだ刃先を調べて戴き度い。

さて、本山も、名倉も準備した所で、革砥が悪いと、即ち使い古しの塵のついたものは、折角研いだ刃を逆に壊して了う事があるから、この点にも十分気を配って貰いたい。何れ革砥について調べた後、御報告申上る機会があろう。

### 結　び

以上に依って、読者は、硬いレーザーの切味を百パーセント出す為に、必要なホン物の本山の概略を知って戴いたと思う。科学的に良質であるレーザーが切れなかった時、簡単に、レーザーが悪いと言わずに、一応御自分の砥石や名倉に就いて調べて欲しい。

又砥石はレーザーを生かす重要な器具であって、一丁の砥石によって何十丁何百丁のレーザーが生きるのであるから、レーザーの値段の何倍かの資金を投入して、是非古来から、剃刀を切らす事随一とされている本山を求められる様切に御勧めする。

本稿を草するに当って、京大教授松下進理学博士、元梅ヶ畑村々長広田宇之助翁、中山礦山主任吉田秀雄さん、京都砥石組合相談役畑中兵五郎翁の御教示に負う所大なるものあり、又、砥石山写真は京都市世稲荷前の青年理容師木藤武雄君の撮影である。茲に謹んで感謝するものである。

（「かがみ」昭和三十年十月号・十一月号）

# 岩崎航介の略歴

明治三十六年一月一日　三条町二ノ町　岩崎又造、キク、の二男として生まれる
明治四十二年四月　三条小学校に入学
大正四年三月　三条小学校を卒業
大正四年四月　糸魚川中学校に入学、糸魚川町に下宿
大正八年三月　糸魚川中学校四年修了
大正八年七月　新潟高等学校に入学
大正十一年三月　新潟高等学校を卒業
大正十一年四月　父を助けて金物卸業に従事
大正十一年　刀剣研師、永野才二師の下に入門、刀の研ぎを学ぶ
大正十四年一月　私立逗子開成中学校講師となる
大正十四年四月　東京帝国大学文学部国史学科に入学、神奈川県横須賀市に下宿
大正十五年　刀匠、勝村正勝師に入門、刀剣の鍛法を学ぶ。刀匠、堀井俊秀師の下に入門
昭和三年三月　東京帝国大学文学部国史学科を卒業
昭和三年四月　東京帝国大学大学院に入学
昭和五年三月　東京帝国大学大学院退学
昭和五年八月　吉田振子と結婚、神奈川県横須賀市に住む
昭和七年四月　東京帝国大学工学部冶金科に入学
昭和九年　神奈川県逗子町に移る
昭和九年十月　私立逗子開成中学校講師を辞職
昭和十年三月　東京帝国大学工学部冶金科を卒業
昭和十年四月　東京帝国大学大学院に入学
昭和十年　著名刀工、理容師と協同して、優秀な西洋剃刀の試作研究を始める
昭和十三年三月　東京帝国大学大学院修了
昭和十三年四月　東京帝国大学工学部副手となる
昭和十三年　吉川英治氏の知遇を得る
昭和十四年五月　大陸資源調査会を設立、調査隊長となって蒙古へ地下資源の調査に赴く。以後毎年一回、蒙古で調査活動を行なう
昭和十五年四月　日本刀製法研究会を設立
昭和十七年八月　蒙古、宣化市で胃潰瘍を病み危篤となる
昭和二十年三月　東京帝国大学工学部副手を辞任
昭和二十年五月　家族を連れて、三条市へ帰る。日本刀、切込刀製作のため奔走する
昭和二十年八月　敗戦により、刀剣関係の活動を一時中止、大陸資源調査会解散
昭和二十二年三月　三条製作所を設立、刃物の研究に従事
昭和二十三年四月　三条製作所々長となる

昭和二十四年八月　　胃潰瘍の再発で危篤となる
昭和二十六年五月　　日本金属製品貿易協会を設立、専務理事を兼務
昭和二十八年三月　　通産省より、「玉鋼を使用した優秀打刃物の製法」に対し、鉱工業技術研究補助金六十万円の交附を受ける
昭和二十八年四月　　日本金属製品貿易協会専務理事を辞任
昭和二十八年九月　　三条市に於て「玉鋼を使用した優秀打刃物の研究」に没頭する
昭和二十九年十二月　　玉鋼を使用した優秀な剃刀の製造に成功する
昭和三十年　　剃刀の製造、研究に励む
昭和三十年四月　　中央高等理容学校師範科講師となる
昭和三十七年十一月　　直腸癌の為、手術を受ける
昭和四十年一月　　薬の副作用で危篤となる
昭和四十年十一月　　第四銀行賞を受ける
昭和四十一年一月　　宮内庁正倉院刀身調査員を拝命
昭和四十二年八月　　癌再発のため死亡。木杯一組を授けられる

# 編集後記

青年会のゼミナールで岩崎先生より「刃物の見方」を講演して戴くに付きお願いに上がった処「やっと三条の金物屋からお座敷が掛りましたね」と言われ、その時既に病んで居られたにも拘らず、お元気なお姿で受講者を魅了された事を思い出します。これを機会に増々より密接に御指導戴かねばと思っていた矢先、我々青年会の「刃物の見方」の講演を最後に他界されました。日本中に或いは世界的にも名立たる先生の業績の中から、特に我々の身近な読みやすい文だけを選んでまとめたのがこの「刃物の見方」であります。刃物を扱う方々から、刃物に関する古典的な教科書として、或いは肩の凝らない刃物随筆集として、永く座右の書となります様希望してやみません。この度の編集に当り、御遺族の方、桶谷先生、桑原先生、広川先生、野島出版社を初め多くの方々から絶大な御援助を賜り、立派な本にまとめる事が出来ました事、並びに公私御多忙の諸先生方から多数の推薦文を戴きました事等、編集者一同、心から感謝致しております。

編集委員一同

昭和四十四年二月 十 日　初版発行
昭和四十七年六月十五日　三版発行

（実費頒布）

著　者　岩　崎　航　介

編集
発行者　三　条　金　物　青　年　会
新潟県三条市旭町一二三四
三条商工会議所内

製作者　株式会社　野　島　出　版
代表者　馬　場　由　太　郎
新潟県三条市一ノ木戸一九四七

# 刃物の見方

二〇一九年十二月二四日　第三刷

著者　岩崎航介

解説　朝岡康二

発行　慶友社
郵便番号　〒一〇一―〇〇五一
東京都千代田区神田神保町二―四八
電話　〇三―三二六一―一三六一
FAX　〇三―三二六一―一三六九

印刷・製本／亜細亜印刷（株）


ISBN978-4-87449-069-3　　C3057

慶友社刊

民衆宗教を探る

地蔵と閻魔・奪衣婆　現世・来世を見守る仏　松崎憲三　2400円

路傍の庚申塔　生活のなかの信仰　芦田正次郎　2800円

熊野信仰の世界　その歴史と文化　豊島修　2600円

阿弥陀信仰　蒲池勢至　2500円

稲荷信仰の世界　稲荷祭と神仏習合　大森惠子　5700円

お大師さんと高野山〔奥の院〕　日野西眞定　2800円

価格は本体